ESTUDIO DE FACTIBILIDAD DE UN PRODUCTO INNOVADOR DE CAFÉ.

ESTUDIO DE FACTIBILIDAD DE UN PRODUCTO INNOVADOR DE CAFÉ.

Exquisitamente práctico

Dr. Perfecto Gabriel Trujillo Castro.
Dr. Oscar González Ríos.
Dra. María Esther Barradas Alarcón.

Copyright © 2014 por Dr. Perfecto Gabriel Trujillo Castro, Dr. Oscar González Ríos, Dra. María Esther Barradas Alarcón.

Número de Control de la Biblioteca del Congreso de EE. UU.:   2014905572
ISBN: Tapa Dura   978-1-4633-8126-4
              Tapa Blanda   978-1-4633-8128-8
              Libro Electrónico   978-1-4633-8127-1

Todos los derechos reservados. Ninguna parte de este libro puede ser reproducida o transmitida de cualquier forma o por cualquier medio, electrónico o mecánico, incluyendo fotocopia, grabación, o por cualquier sistema de almacenamiento y recuperación, sin permiso escrito del propietario del copyright.

Las opiniones expresadas en este trabajo son exclusivas del autor y no reflejan necesariamente las opiniones del editor. La editorial se exime de cualquier responsabilidad derivada de las mismas.

Este libro fue impreso en los Estados Unidos de América.

Fecha de revisión: 26/04/2014

Para realizar pedidos de este libro, contacte con:
Palibrio LLC
1663 Liberty Drive
Suite 200
Bloomington, IN 47403
Gratis desde EE. UU. al 877.407.5847
Gratis desde México al 01.800.288.2243
Gratis desde España al 900.866.949
Desde otro país al +1.812.671.9757
Fax: 01.812.355.1576
ventas@palibrio.com

INDICE

INTRODUCCIÓN 9

NOMBRE DEL PROYECTO EMPRESARIAL 11

CAP I: PLANEACIÓN DEL PROYECTO 13
    1.1 Naturaleza, descripción y justificación del proyecto 13
    1.2 Misión 14
    1.3 Objetivos estratégicos. 16
    1.4. Análisis PESTL. 17
    1.5 Análisis TOWS o FODA. 18

CAP II: ESTUDIO DE MERCADO 22
    2.1 Descripción del proyecto 22
    2.2 Segmentación de mercado 23
    2.3 Investigación de mercado. 35
    2.4 Conclusiones del estudio de mercado. 41
    2.5 Estrategias de comercialización 42
    2.6 Producto y Servicio. 43
        2.6.1 Producto. 43
    2.7 El proceso de creación de un nuevo producto 50
    2.8 Precio 52
    2.9 Plaza y/o Canales de Comercialización 52
    2.10 Promoción 54
    2.11 Estimación de la demanda 55
    2.12 Definición de los principales competidores 56
    2.13 Normas de calidad 57
    2.14 Formulación de una estimación de demanda en ventas 58

CAP III: ESTUDIO TÉCNICO 59

- 3.1 Proceso productivo 59
  - 3.1.1 Descripción y justificación de proceso de producción 59
  - 3.1.2 Capacidad de la planta 68
  - 3.1.3 Selección de la Tecnología. 68
  - 3.1.4 Lista de bienes 71
- 3.2 Características de tecnología 71
  - 3.2.1 Justificar nivel tecnológico 71
  - 3.2.2 Accesibilidad tecnológica 71
- 3.3 Programa de calidad 77
- 3.4 Proyectos con participación y vinculación 78
- 3.5 Características de la vinculación entre las instituciones de educación superior y el sector productivo y/o servicios. 79
- 3.6 Distribución en planta y localización de las instalaciones de trabajo 80
- 3.7 Sustentabilidad del proyecto 83

CAP IV: ASPECTOS ADMINISTRATIVOS 84

- 4.1 Características Administrativas 84
  - 4.1.1 Información general 84
  - 4.1.2 Aspecto legal 84
  - 4.1.3 Evaluación y principales logros del proyecto empresarial ...85
  - 4.1.4 Estructura de la organización 85
  - 4.1.5 Descripciones de puestos: 86
  - 4.1.6 Plantilla laboral 89

CAP V: ESTUDIO FINANCIERO Y ECONÓMICO 90

- 5.1 Estados Proforma del proyecto. 90
- 5.2 Estimación de ventas. 91
- 5.3 Presupuesto de ventas. 93
- 5.4 Presupuesto de costos y gastos 93
- 5.5 Capital de Trabajo. 95
- 5.6 Estado de resultados 96
- 5.7 Balance general 98
- 5.8 Flujo de efectivo 100
- 5.8 Tasa interna de retorno y valor presente neto. 101

5.9 Principales Razones financieras (2012). 102
5.10 Punto de Equilibrio. 104

BIBLIOGRAFÍA 111

GLOSARIO 113

**ANEXO: INFORME DE LA PLANEACIÓN
ADMINISTRATIVA** 127

AUTORES 141

INTRODUCCIÓN

En un mundo globalizado, en el que las personas tratan de hacer eficiente el uso de su tiempo, hay necesidades y deseos de encontrar bienes y servicios que sean útiles en la satisfacción de los consumidores; es por ello, que cada vez es más común tener al alcance la posibilidad de adquirir productos para facilitar la vida cotidiana.

Actualmente, las empresas compiten a través de la producción de bienes prácticos e innovadores que faciliten la vida del consumidor. Dentro de esta gran variedad de bienes se encuentra el café que es uno de los principales generadores de divisas en el mercado mexicano. Al interior de la industria del café se encuentran diferentes productos, el más importante es la bebida del mismo. En la investigación realizada se aplicaron cuestionarios para conocer los gustos y la forma de preparar el café, los cuales arrojaron que las personas encuentran desventajas en la preparación de una taza de café.

Los resultados dieron como conclusión que los consumidores desearían que el tiempo en la elaboración de una taza de café fuese más rápido. Esto influye en el tamaño de partícula del café (el grado de molienda) y una solubilidad inadecuada del producto en agua.

Por lo tanto, el presente libro tiene como finalidad mostrar el diseño de un producto, que facilita la preparación de una taza de café y que consiste en una tableta de café soluble en diferentes presentaciones con café puro, que puede contener azúcar y/o crema y ésta se vierte en una taza con agua caliente, removiéndola algunos segundos para después disfrutar de ella.

Se trata un producto innovador porque es una nueva presentación de café soluble y permite reducir el tiempo en la preparación de la bebida de café soluble y asimismo, impulsa la economía mexicana en la industria cafetalera, que en esta región es un producto agrícola importante, dado que es un producto de consumo local y de exportación.

La presente obra está constituida por cinco capítulos, los cuales son:

En el capítulo 1 se presenta la misión, visión y valores del nuevo negocio, así también los objetivos que se persiguen con apoyo de un análisis PESTL y FODA para definir las estrategias a implementar. En el capítulo 2 se realiza el estudio de mercado con el cual se determina la estimación de la demanda y que el producto sea adquirido por los consumidores. En el capítulo 3, se plantea el estudio técnico el cual muestra la viabilidad técnica del producto, es decir, se cuenta con la tecnología adecuada para ello. El capítulo 4, muestra la estructura orgánica, la descripción de funciones y presupuesto de mano de obra. El capítulo 5, presenta las principales inversiones, las técnicas financieras necesarias para determinar la rentabilidad del negocio. Se incluye bibliografía, glosario y anexo.

NOMBRE DEL PROYECTO EMPRESARIAL

¡Exquisitamente práctico!

CAP I

PLANEACIÓN DEL PROYECTO

Dr. Perfecto Gabriel Trujillo Castro
Dra. María Esther Barradas Alarcón.
C. Marco Antonio López Aguilar.
C. Clara Itzel Hernández Herrera.

1.1 Naturaleza, descripción y justificación del proyecto.

En un mundo globalizado, en el que las personas tratan de hacer eficiente el uso de su tiempo, hay necesidades y deseos de encontrar bienes y servicios que sean útiles en la satisfacción de los consumidores; es por ello, que cada vez es más común tener al alcance la posibilidad de adquirirproductos para facilitar la vida cotidiana.

Actualmente, las empresas compiten a través de la producción de bienes prácticos e innovadores que faciliten la vida del consumidor. Dentro de esta gran variedad de bienes se encuentra el café que es uno de los principales generadores de divisas en el mercado mexicano. Dentro de la industria de café se encuentran diferentes productos, el más importante es la bebida del mismo.
A través de una investigación de mercado en la que se aplicaron 384 cuestionarios de "consumidor", los que arrojaron que las personas encuentran desventajas en la preparación de una taza de café.

Los resultados dieron como conclusión que los consumidores desearían que el tiempo en la elaboración de una taza de café fuese más rápido. Esto influye en el tamaño de partícula del café (el grado de molienda) y una solubilidad inadecuada del producto en agua.

Por lo tanto, el presente libro tiene como finalidad mostrar el diseño de Cofy Up, que facilita la preparación de una taza de café y que consiste en una tableta de café soluble en diferentes presentaciones con café puro, que puede contener azúcar y/o crema y ésta se vierte en agua caliente para después disfrutar de ella.

Cofy Up es un producto innovador porque es una nueva presentación de café soluble y permite reducir el tiempo en la preparación de la bebida de café soluble y así mismo, impulsa la economía mexicana en la industria cafetalera.

1.2 Misión.

Somos una empresa dedicada a la elaboración del café soluble de calidad mediante un producto práctico e innovador que responde a los gustos y necesidades de nuestros clientes, alcanzando su satisfacción para lograr un beneficio común.

• **Visión**

Ser una empresa líder en la industria de la elaboración del café soluble, buscando la consolidación con nuestros productos en el mercado local y lograr posicionarnos como una de las grandes empresas productoras de café a nivel nacional, apoyando a las comunidades productoras de la materia prima.

• **Valores.**

- *Calidad.-* La elaboración de nuestros productos están basados en las normas mexicanas del café soluble.

- *Compromiso.-* Brindar a nuestros consumidores un producto confiable y con agradable sabor y aroma.

- *Mejora continua.-* Nuestros productos estarán basados en procesos de innovación y vanguardia dentro de la industria del café.

- *Honestidad.-* Nuestros productos son confiables y seguros para su consumo.

- *Responsabilidad social.-* Tenemos un enorme compromiso con todo nuestro entorno social y ambiental, para la conservación y mejoramiento de calidad de vida de nuestra sociedad.

- *Disciplina.-* La constate evaluación y la perseverancia del logro de nuestros objetivos nos impulsa a hacer nuestro trabajo bien y de la mejor manera.

Filosofía.

- *Público interno*: Se busca una comunicación reciproca entre directivos y empleados, para lograr que el personal colabore con la empresa.

- *Clientes*: Dar a los consumidores un producto de calidad, teniendo en cuenta sus necesidades.

- *Proveedores*: Ser un socio confiable para realizar negocios mediante una relación armónica y clara.

- *Accionistas, inversionistas y organizaciones financiadoras*: Ser una buena opción para invertir en la empresa.

- *Comunidad y Sociedad:* Ser ejemplo de responsabilidad social, cooperando con nuestro entorno.

- *Medios masivos*: Realizar un trato cordial y claro de la situación de la empresa para mantener informado al público en general.

- *Gobierno*: Mantener una comunicación constante, transparente y clara con los organismos de gobierno.

1.3 Objetivos estratégicos.

- Establecer una alianza con productores de café en el Estado de Veracruz, que proporcione beneficios mutuos.

- Crear fuentes de empleo para los habitantes de la región y brindarles oportunidades de crecimiento en la empresa.

- Invertir en instalaciones, equipos y procesos de punta para proporcionar a nuestros clientes, productos innovadores, de calidad y que cumplan sus expectativas.

- Impulsar el desarrollo económico y la calidad de vida de los productores cafetaleros de la región.

- Establecer programas para el sostenimiento ecológico y ambiental del entorno, así como la construcción de áreas de recreación social.

- Establecer equipos de trabajo dedicados a la investigación, desarrollo del mercado y solución de problemas dentro de la empresa para ser competitivos.

- Determinar rentabilidad económica y viabilidad técnica del proyecto.

Para determinar la administración estratégica de esta propuesta es necesario recabar información de los ambientes externo e interno, ya que resulta importante para el futuro negocio analizar y entender el entorno en el que van a funcionar.

Se utilizan herramientas como el análisis PESTL, para analizar los aspectos del medio ambiente que se describen más adelante, el análisis FODA, con lo cual, se busca determinar las principales estrategias del negocio, y realizar el estudio de mercado y enfocarse al segmento que atenderá este producto.

1.4. Análisis PESTL.

El análisis PESTL es una herramienta que permite identificar los factores y la recopilación de información que proviene del entorno general y que de cierta forma pueden afectar a una organización, esto sirve para la toma oportuna y precisa de decisiones que involucren este tipo de información. Este análisis se realiza antes de realizar el análisis DOFA.

PESTL, es el acrónimo de las palabras que representan los diferentes aspectos que rodean a la organización en su medio ambiente externo: políticos, económicos, sociales, tecnológicos y legales.

A continuación, se presenta un cuadro con los principales aspectos del PESTL para el producto innovador de café.

Análisis PESTL

P	Aspecto Político	• Apoyo para Sector cafetalero • Apoyo en programas de financiamiento para Pymes y emprendedores. • Posible inestabilidad en la situación política que vive el país en la actualidad.
E	Aspecto Económico	• Recesión • Inflación en precios de materia prima y devaluación. • Precios del café en Bolsa de valores de Nueva York • Crisis cafetalera en zonas productoras.
S	Aspecto Social	• Competencia entre diferentes empresas que venden productos de café para beber. • Crecimiento de consumidores de café. • Tradición de la bebida de café en muchas culturas. • Algunas religiones prohíben beber café. • A través de un estudio de mercado se puede conocer las necesidades del consumidor.
T	Aspecto Tecnológico	• Tendencias de maquinarias agroindustriales. • Tecnología para procesar café. • Innovación en procesos de producción de café.
L	Aspecto Legal	• Requisitos para elaborar producto y constituir la empresa. • Normas Mexicanas • Normas ISO • Marco Legal según la Secretaría de Economía • Denominaciones de Origen • Propiedad Industrial: Patentes • Ley Federal de Protección al Consumidor • Impuestos • Código de Comercio • Código Fiscal de la Federación

1.5 Análisis TOWS o FODA.

Las letras de TOWS, provienen del idioma Inglés Threats (Amenazas), Opportunities (Oportunidades), Weaknesses (Debilidades) y Strengths (Fortalezas).

El propósito principal de esta herramienta de planeación estratégica es como su nombre lo indica, generar las estrategias que proporcionen los máximos beneficios, así como determinar aquellas donde se presenten riesgos para la empresa y estar muy atenta a los escenarios cambiantes del medio ambiente interno y externo.

Se presenta el análisis TOWS o FODA para el producto innovador de café.

Análisis FODA

↑ Fortalezas	↑ Debilidades
1. Espíritu emprendedor y equipo motivado. 2. Creatividad (innovación el producto). 3. Filosofía de Mejoramiento continuo. 4. Calidad en productos y compromiso con clientes. 5. Visión clara de objetivos a alcanzar por la empresa.	1. Falta de recursos económicos para invertir. 2. Inexperiencia en el negocio del café. 3. Falta de tecnología y equipo industrial. 4. Desconocimiento del producto y marca Cofy Up por parte de consumidores. 5. No se cuenta con una imagen corporativa, ni relaciones públicas con los diferentes públicos.
↑ Oportunidades	↑ Amenazas
1. Alta demanda del consumo de café. 2. Crear alianzas con proveedores de café. 3. Programas para emprendedores y apoyos de financiamiento gubernamental a Pymes. 4. Patentar el producto. 5. Avances tecnológicos que optimicen proceso de producción.	1. Recesión económica. 2. Inflación en los precios de materias primas. 3. Disminución del poder adquisitivo de consumidores. 4. Fuerte competencia con marcas con alta participación de mercado. 5. Resistencia del público para consumir Cofy Up.

Asignación de valores en cruces de matriz FODA Cofy Up

Internos / Externos	F1	F2	F3	F4	F5		D1	D2	D3	D4	D5
O1	3	3	3	3	3		3	2	2	1	0
O2	3	0	3	3	3		0	2	0	0	1
O3	2	3	0	2	3		3	2	3	3	2
O4	3	3	0	0	3		3	0	0	0	0
O5	1	1	3	3	3		3	3	3	0	0
Suma	12	10	9	11	15	Suma	12	9	8	4	3
A1	0	0	0	0	0		3	0	0	3	0
A2	0	0	0	0	0		3	0	3	3	0
A3	0	0	0	0	0		0	0	3	0	0
A4	2	3	2	3	3		3	3	3	3	3
A5	2	3	1	2	2		0	0	0	3	3
Suma	4	6	3	5	5	Suma	9	3	9	12	6

Estrategia FO: (MAXI-MAXI)	Estrategia DO: (MINI-MAXI)
Al tener una visión clara de lo que se quiere lograr en la empresa, se busca realizar todas la actividades encaminadas por el equipo al logro de los objetivos como es proteger el producto patentándolo, buscar tecnología con precios bajos y que optimice el proceso de producción además de contar con proveedores responsables, que cuenten con la calidad requerida y con precios razonables además de buscar el apoyo financiero que otorga el gobierno para las PYMES.	Buscar apoyo en programas de emprendedores y financiamiento que ofrece el gobierno, ya que las tasas de interés son menores y así se podrá invertir publicidad para promocionar para el posicionamiento en el mercado, así como en maquinaria, equipo y tecnología para el proceso de producción de Cofy Up, aprovechando que con los avances tecnológicos se puede conseguir optimizar los recursos. Al mismo tiempo se debe patentar el concepto y trabajar en establecer comunicación estrecha con proveedores, instituciones financiadoras y consumidores.
Estrategia FA: (MAXI-MINI)	**Estrategia DA: (MINI-MINI)**
La situación económica es más difícil, la gente cuida más el dinero a la hora de gastar por ello Cofy Up buscará la manera de dar sus productos a un bajo precio para que los consumidores puedan adquirir el producto. Además de seguir con promociones para persuadir al público a comprar el producto ya que cuenta con beneficios que la competencia no tiene aparte de que es realizado con calidad. También se deben realizar demostraciones para comprobar su efectividad y tratar de romper con la resistencia que pone el consumidor.	Con la situación económica actual, es más difícil contar con recursos para invertir ya que la inflación y la disminución del poder adquisitivo de los consumidores, las personas intentan reducir sus gastos. Se requiere llevar a cabo un presupuesto en el cual se intente maximizar los beneficios y minimizar los costos para que el precio final del producto sea accesible. Por otra parte se requiere convencer al público consumidor sobre las ventajas de Cofy Up con respecto a la competencia.

CAP II

ESTUDIO DE MERCADO

Dr. Perfecto Gabriel Trujillo Castro.
Dra. María Esther Barradas Alarcón.
Dra. Sonia Báez Lagunes.
C. Ivón Campos Herrera.

2.1 Descripción del proyecto

"Cofy Up" es un producto práctico porque ofrece a los consumidores de café una experiencia diferente en el dinamismo de la preparación de una taza de café. Esto se ve reflejado en el ahorro de tiempo y espacio que las personas necesitan para elaborar dicha bebida.

El producto ha sido creado con el propósito de facilitar la preparación de una taza de café con la posibilidad de disfrutarlo en la oficina, la escuela, el trabajo, el hogar; simplemente en cualquier lugar.

Se sabe que hoy en día las personas buscan la satisfacción de sus necesidades e inquietudes mediante la utilización de productos prácticos, innovadores y de calidad, que cumplan las más altas expectativas del mundo actual.

De este modo, trata de ofrecer un producto diferente que logre la aceptación de los consumidores de café, pues es atractivo que una bebida tan gustada en nuestra sociedad adopte una nueva presentación que permita a las personas disfrutarlo en cualquier momento gracias a su diseño práctico y fácil manejo.

Así, la tarea es ofrecer una nueva forma de presentación del café. Más práctica y más rápida, con el propósito de que todas las personas que gustan de beber café, lo tengan siempre a su alcance.

En el estudio de mercado se busca determinar el segmento al que se venderá el producto innovador de café y calcular la viabilidad de mercado a través de la administración y uso de la información que permitan tomar decisiones acerca del tamaño del mercado para el producto en cuanto a la población interesada en adquirir el producto y el valor de mercado, que son los ingresos esperados por la participación en el mismo. Es importante volver a mencionar que se trata de una pequeña empresa.

2.2 Segmentación de mercado

Producto: Café para beber, precio medio, distribución en la zona Conurbana Veracruz-Boca del Río. El café tiene características en innovación de su presentación. Dirigido a consumidores hombres y mujeres.

Se presenta un esquema que muestra las principales variables utilizadas en la segmentación de mercado: demográficas, que son aquellas en las cuales se pueden hacer el mayor número de inferencias; geográficas, psicográficas y de posición del usuario.

Variables demográficas	
Edad	De 18 a 50 años
Sexo	Hombres y mujeres
Estado Civil	Solteros, casados, viudos, divorciados
Religión	Católicos y cristianos en su mayoría
Nivel socioeconómico	C, C+, B, A
Nivel de instrucción en adelante	Instrucción media-superior
Características de vivienda	Vivienda con todos los servicios
Variables geográficas	
Unidad geográfica	Zona conurbada Veracruz-Boca del Río.

Condiciones geográficas	Clima cálido húmedo con lluvias en verano y fuertes vientos en invierno, región costera.
Raza	Principalmente latinos
Tipo de población	Población urbana
Variables psicográficas	
Grupos de referencia	Familiares, compañeros y amigos
Clase social	Media y alta
Personalidad	Innovadores, Abiertos, Modernos, Autosuficientes, Experimentadores
Cultura	Media y alta
Ciclo de vida familiar	Solteros, casados con hijos y sin hijos, adultos maduros
Motivos de compra	Novedad e independencia.
Variables de posición del usuario o de uso	
Frecuencia de uso	Usuario regular, por primera vez.
Ocasión de uso	Uso frecuente
Tasa de uso	Usuario grande
Lealtad	Usuarios de lealtad compartida
Disposición de compra	Usuarios dispuestas a la compra

Variables demográficas.

- *Edad*: **18 a 50 años.**

La razón por la cual se eligieron personas entre 18 y 50 años en la integración del mercado meta, es porque se consideró que tienen el poder de compra y porque cumplen con las características en cuanto al estilo de vida actual, el cual es rápido y dinámico. Por lo general, gente menor de 18 años, comienza a degustar café pero con menos frecuencia, y en el caso de personas mayores de 50 años, ya son leales a un producto que han consumido por largo tiempo, por lo que el posicionamiento de Cofy Up resultaría difícil.

- *Sexo:* **hombres y mujeres.**

Hombres y mujeres son consumidores de la bebida de café.

- **Estado civil**: Solteros, casados, viudos, divorciados.
  El estado civil en el Producto Cofy Up, no influye en el consumo.

- **Religión**: Católicos y cristianos en su mayoría.

Se consideró la católica y cristiana en su mayoría porque gran parte de la población tiene esta formación religiosa. Por otro lado, otras religiones, prohíben beber café porque sus estatutos así lo mencionan.

- **Nivel socioeconómico**: C, C+, B, A.

La AMAI (Asociación Mexicana de Agencias de Investigación de Mercados), dividió los niveles socioeconómicos en 6 categorías, las cuales van de acuerdo al poder adquisitivo de los futuros consumidores, por lo cual se podrá conocer si los compradores podrán comprar o no el producto Cofy Up. Se tomó en cuenta para la segmentación del mercado los niveles C, C+, B y A que representan el 30% de la población, con ingreso medio y alto superior promedios.

- **Nivel de instrucción**: media- superior en adelante.

El grado de escolaridad alcanzando por la población segmentada estará basado en una educación media- superior, porque influyen en el grado de aceptación y disposición del consumidor para probar una presentación diferente en la bebida de café.

- **Características de vivienda**: vivienda con todos los servicios.
  La población segmentada por lo general cuenta con todos los servicios básicos.

Variables geográficas.

Unidad geográfica: zona conurbada Veracruz-Boca del Río. La población segmentada habita en la zona conurbada Veracruz-Boca del Río y es un mercado local.

- **Condiciones geográficas**: clima cálido húmedo con lluvias en verano y fuertes vientos en invierno, región costera.
- **Raza**: principalmente latinos

- *Tipo de población*: urbana

El mercado meta es la zona conurbada Veracruz-Boca del Río con población urbana debido a que el producto Cofy Up será distribuido mediante un canal directo, con intermediarios minoristas y mayoristas.

Variables psicográficas.

- *Grupos de referencia:* familiares, compañeros y amigos.

En función de la pertenencia, contacto y atracción, los grupos de referencia se clasificaron en familiares, compañeros y amigos.

- *Clase social*: media y alta

La clase media y alta en la segmentación, realiza sus compras en tiendas de autoservicio y supermercados. El nivel de ingreso es medio y alto, y el nivel de educación es media-superior.

- *Personalidad*: innovadores, abiertos, modernos, autosuficientes y experimentadores.

El tipo de personalidad del consumidor que se ha integrado al mercado meta de Cofy Up va en función de su disponibilidad para probar la nueva presentación para preparar una taza de café.

- *Cultura*: **media y alta**. La población segmentada estará basada en los valores, niveles de comunicación, normas y entorno similares se acuerdo a su formación personal y social.
- *Ciclo de vida familiar*: solteros, casados con hijos y sin hijos, adultos maduros.
- *Motivos de compra*: novedad, independencia, refuerzo, afiliación.

Los motivos o necesidades internas, no sociales: la *novedad* basada en la necesidad de la variedad y la diferencia, mientras que la *independencia*, se concentra en la necesidad del sentimiento de autogobierno o autocontrol.

Variables de posición del usuario o de uso

- *Frecuencia de uso:* uso regular, por primera vez.

El segmento de mercado determinó que los consumidores de café, lo beben regularmente por gusto. El uso por primera vez, se basa en que el producto Cofy Up es nuevo en el mercado, por lo que el usuario no está familiarizado con la presentación y porque sería la primera ocasión en que lo adquiriría.

- *Ocasión de uso*: uso frecuente.

Los usuarios frecuentes consumirán Cofy Up porque tomarán en cuenta las ventajas que el producto ofrece a diferencia de otro.

- *Tasa de uso*: usuario grande.

El café es un producto con una tasa grande de uso porque es consumido en grandes cantidades en un determinado periodo.

- *Lealtad*: usuarios de lealtad compartida.

Los consumidores comparten su lealtad de compra a 2 ó más marcas, en caso de no encontrar una marca, adquieren otra.

- *Disposición de compra*: usuarios dispuestos a la compra.

Cofy Up es un producto accesible porque las circunstancias presentan que el usuario esté en disposición de comprarlo porque hay un gusto y una necesidad de la bebida por costumbre.

Determinar tamaño del mercado.

Producto: Café para beber, precio medio, distribución en la zona Conurbada Veracruz-Boca del Río. El café tiene características en innovación de su presentación. Dirigido tanto consumidores hombres y mujeres.

Edad	De 18 a 50 años
Sexo	Hombres y mujeres
Estado Civil	Solteros, casados, viudos, divorciados
Región	Católicos, cristianos en su mayoría
Nivel Socioeconómico	C, C+, B, A

Para empezar a realizar inferencias con las variables demográficas, será necesario consultar información en el Instituto Nacional de Estadística y Geografía (INEGI), u otras fuentes de consulta. Cabe mencionar que las variables demográficas son aquellas con las cuales se puede inferir mas debido a las características requeridas en la segmentación. Se iniciará por:

1. Determinar el número de mujeres y hombres en el país.

Fuente: ; XII Censo General de Población y Vivienda 2000. Tabulados básicos; Censo de Población y Vivienda 2010. http://www.inegi.org.mx/prod_serv/contenidos/espanol/bvinegi/productos/integracion/sociodemografico/mujeresyhombres/2011/MyH2011.pdf

2. Determinar la población del Estado de Veracruz.

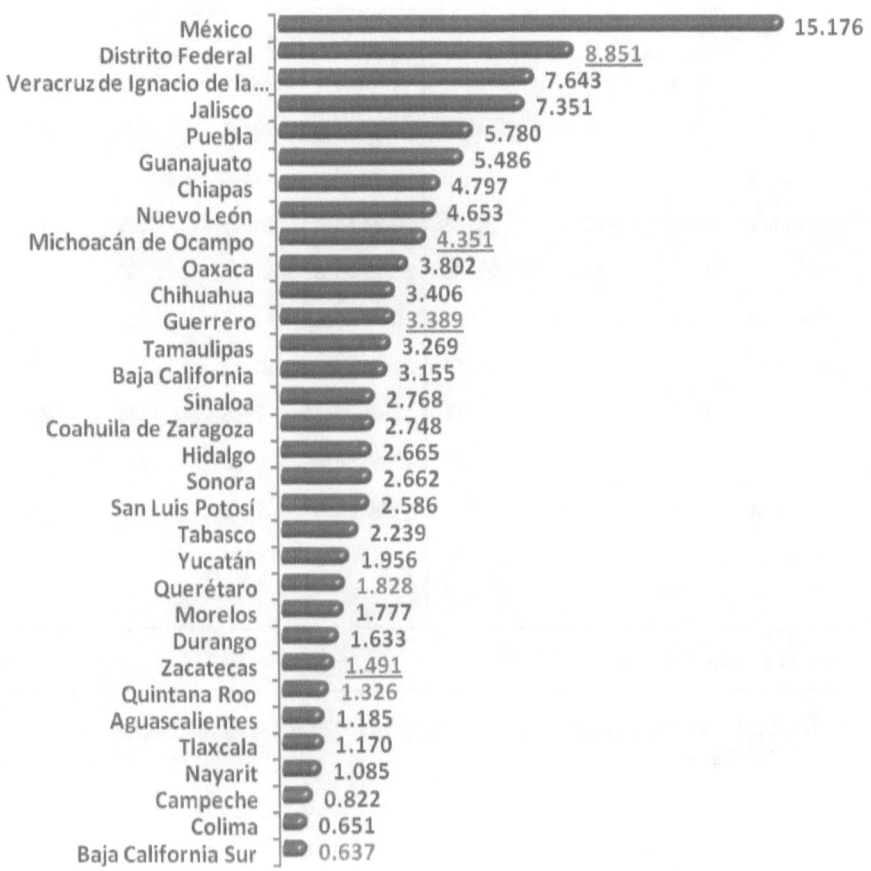

Una vez determinada la población del Estado de Veracruz, a continuación, se establecerá la cantidad de habitantes de la zona segmentada.

Tabla de población de la zona conurbada Veracruz-Boca del Río

Municipio	Total	Hombres	Mujeres
Boca del Río	141 906	66 522	75 384
Ciudad de Veracruz	512 310	242 013	270 297
Total	654 216	308 535	345 681

Tabla de población (18-50 años) de la zona conurbada Veracruz-Boca del Río.

Ciudad de Veracruz				Municipio de Boca del Río			
Edad	Total	Hombres	Mujeres	Edad	Total	Hombres	Mujeres
18 años	9623	4645	4978	18 años	2758	1342	1416
19 años	8778	4168	4610	19 años	2568	1157	1411
20-24 años	46343	22177	24166	20-24 años	13523	6382	7141
25-29 años	41546	19160	22386	25-29 años	11472	5200	6272
30-34 años	42947	19507	23440	30-34 años	11448	5260	6188
35-39 años	40124	18445	21679	35-39 años	10572	4759	5813
40-44 años	35330	16313	19017	40-44 años	9888	4396	5492
45-49 años	29797	13809	15988	45-49 años	8725	3964	4761
50 años	6626	3011	3615	50 años	2113	970	1143
Total	261114	121235	139879	Total	73067	33430	39637

Total de ambas poblaciones: 334,181

Fuente: http://www.inegi.gob.mx/est/contenidos/espanol/sistemas/conteo2010/datos/30/excel/cpv30_mig_2.xls

Determinación de mujeres y hombres entre 18 y 50 años, que viven en la zona conurbada Veracruz-Boca del Río:

Población total zona conurbada	654 216
Habitantes menores de 17 años	193 804
Habitantes mayores de 50 años	108 644
Población no especifica	17 587
Total de Población no considerada	320 035
Población total	654 216
Población no considerada	320 035
Total de población de 18 a 50 años	**334181**

Del total de mujeres y hombres de la edad segmentada, realizar un cálculo aproximado para determinar cuántos de ellos pertenecen al nivel socioeconómico seleccionado, los porcentajes generales de población perteneciente a cada uno de los niveles socioeconómicos en México son:

De acuerdo, con los perfiles de ingresos de la Asociación Mexicana de Agencias de Investigación de Mercado (AMAI), los niveles socioeconómicos en México se presentan de la siguiente manera:

- NIVEL A/B (población con el más alto nivel de vida e ingreso del país), 4% aproximadamente.
- NIVEL C+ (población con ingreso o nivel de vida ligeramente superior al medio), 13% Aproximadamente.
- NIVEL C (población con ingreso o nivel de vida medio), 16% aproximadamente
- NIVEL D+ (población con ingreso o nivel de vida ligeramente por debajo del nivel medio), 17% aproximadamente.
- NIVEL D (población con un nivel de vida austero y bajo ingreso), 20% aproximadamente.
- NIVEL E (población con menor ingreso y nivel de vida de las zonas urbanas de todo el país), 30% aproximadamente.

$$\left. \begin{array}{l} AB = 4\% \\ C+ = 9\% \\ \underline{C = 20\%} \end{array} \right\} 33\%$$

Los niveles socioeconómicos en la segmentación se determinan por los Niveles *A/B, C+* y *C* que juntos suman el 33% de la población.

Significa, como cálculo máximo, 33% de la población de mujeres y hombres de 18 a 50 años que vivan en la zona Conurbana Veracruz-Boca del Río. Pertenecen a los niveles socioeconómicos segmentados, por lo que **33%** de **334181** es igual a **110,280** (334181 habitantes x 0.33 de la suma de los niveles socioeconómicos A/B, C+), es decir, sólo este número de hombres y mujeres tienen las características para comprar el café. A continuación se deben aplicar cálculos para determinar cuántas mujeres y hombres estarían en una verdadera actitud de disposición de compra, para ello se utiliza el método de la razón en cadena.

Aplicar un método de cálculo que incluya elementos psicográficos y de uso, como el método de la razón en cadena, que consiste en multiplicar un número base por diversos porcentajes de ajuste:

Base de consumidores que tienen las características del segmento:

$$110,280$$

Porcentaje de mujeres y hombres que tiene características de personalidad compatibles con las definidas:

$$110280 (.81) * = 89326.8 = 89,327$$

- El *81%* se obtiene de la información arrojada en el cuestionario de consumidores en la *pregunta 14*: del total de 384 encuestados de los que sí toman café, sólo a 311 les gustaría que la presentación de su café fuese más práctica.

- Entonces se realiza la siguiente operación: 311 (1.00) / 384 = 81%
Porcentaje de mujeres y hombres que teniendo las características de personalidad: innovadora, abierta, moderna, autosuficiencia y experimentadora, están interesadas en la temática del producto de café:

$$89327 (0.823) * = 73516.12 = 73,516$$

- El 82.3% se obtiene de la información arrojada en el cuestionario de consumidores en la *pregunta 15*: del total de 384 encuestados de los que sí toman café, sólo 316 cambiarían de marca, si existiera otro tipo de presentación en el café.

- Entonces se realiza la siguiente operación: 316 (1.00) / 384= 82.3%, que resulta de las personas encuestadas que tienen el tipo de personalidad al contestar **SÍ.**

Porcentaje de mujeres y hombres que teniendo las características anteriores tienen verdadera disposición de compra:

$$73516 \, (0.781)^* = 57415.99 = 57,416$$

- El 78.1% se obtiene de la información arrojada en el cuestionario de consumidores en la *pregunta 24*: del total de 384 encuestados de los que sí toman café, sólo 300 tienen expectativas de probar una nueva presentación de café.

- Entonces se realiza la siguiente operación: 300 (1.00) / 384 = 78.1%
  Por lo tanto, **57,416** es el número probable de personas que podrían comprar el producto.

Tabla base para calcular tamaño del mercado.
Relación de los porcentajes según las encuestas realizadas.

Pregunta	No. De encuestados	Operación	Porcentaje
Pregunta 14 ¿Le gustaría que la preparación de su taza de café fuera más práctica?	Del total de 384 encuestados de los que sí toman café, sólo 311 les gustaría que la presentación de su café fuese más práctica.	384-100 311-X X = 311 (100%)/384	81%
Pregunta 15 ¿Cambiaría de marca, si existiera otro tipo de presentación en el café?	Del total de 384 encuestados de los que sí toman café, sólo 316 cambiaría de marca, si existiera otro tipo de presentación en el café.	384-100 316-X X= 316 (100%)/384	82.3%
Pregunta 24 ¿Qué expectativas tendría usted sobre una presentación innovadora de café que facilitara su preparación?	Del total de 384 encuestados de los que sí toman café, sólo 300 tienen expectativas en referencia a una presentación innovadora de café.	384-100 300-X X = 300(100%)/384	78.1%

Para la estimación de la muestra se consideran:

- El universo (elementos que reúnen características homogéneas objeto de la investigación)
- El universo de una población puede ser finito (menos de 500,000 elementos) ó infinito (más de 500,000 elementos).
- El universo es finito (debido a que está compuesto de **334,181** elementos).

Fórmula para la determinación de la muestra

$$n = \frac{\sigma^2 \; N \, p \, q}{e^2 \; (N-1) + \sigma^2 \; p \, q}$$

Donde:

n = **(tamaño de la muestra).**
e = **5%** (se considera este porcentaje; ya que las variaciones superiores al 10% reducirán la validez de la información)
σ = **1.96** (95% de grado de confianza con el que se trabaja)
p = **50%** (se emplea esta literal para designar una probabilidad a favor de que se realice el evento)
q = **50 %** (se emplea esta literal para designar una probabilidad en contra de que se realice el evento)
N = **334, 181** población segmentada

Cálculo de la Muestra:

$$n = \frac{(1.96)^2 \; (334181) \; (.5) \; (.5)}{(.05)^2 \; (334181 - 1) + (1.96)^2 \; (.5) \; (.5)} = \frac{(3.8416) \; (334181) \; (.5) \; (.5)}{(0.0025) \; (334180) + 3.8416 \; (.5) \; (.5)}$$

$$= \frac{320947.4324}{835.45 + .9604} = \frac{320947.4324}{836.4104} = 384 \text{ encuestas por realizar}$$

2.3 Investigación de mercado.

- **Fuentes primarias y secundarias utilizadas para recabar la información.**

Primarias:

Cuestionario de consumidores.

Para recopilar información se elabora y aplicará un cuestionario a los consumidores de café para conocer su frecuencia de consumo, concentración con qué lo toma, si bebe café solo, con azúcar o crema, la presentación y contenido con que lo compra, el tiempo que tarda en prepararlo, la forma en que efectúa la preparación, dónde lo compra y el precio que paga por la presentación, el medio publicitario donde se informa acerca del café, dónde acostumbra tomarlo, si le gustaría que la preparación fuera más práctica, posibilidad de cambiar de marca si una nueva presentación le reduce tiempo para prepararlo, conocer con cuántas personas toma el café, y cuánto pagaría por la nueva presentación.

Cuestionario de consumidores

Domicilio: _____
Colonia: _____ Municipio: _____
Sexo: _____ Ocupación: _____
Edad: _____ años _____

1.- ¿Consume café?
   a) si   b) no   si su respuesta es no, le agradecemos su atención.

2.- ¿Con qué frecuencia toma café?
   a) Todos los días   b) entre 3-5 días
   c) menos de 3 días   d) solo 1 día por semana

3.- Cuando toma café, ¿Cuántas tazas consumé?
   a) De 1-2 tazas   b) 3-5 tazas
   c) 5 o más

4.- ¿Cuántas cucharadas de café utiliza para preparar una taza de café?
   a) ½ cucharadita   b) 1 cucharadita
   c) 2 cucharaditas   d) 2 o más

5.- ¿Cuántas cucharadas de azúcar utiliza para preparar una taza de café?
   a) Ninguna   b) ½ cucharadita
   c) 1 cucharadita   d) 2 cucharaditas e) 2 o más

6.- ¿Cuál es la presentación que compra para el café?
   a) Frasco   b) bolsa.
   c) sobrecitos individuales d) otras:

7.- ¿Cuál es el contenido que usted compra regularmente?
   a) 20 grs. (presentación individual) b) entre 50 y 150 grs.
   c) entre 150 y 300gr   d) Entre 300 y 500 grs.
   e) entre 500 y 750 grs.   f) entre 750 grs y 1 Kg.
   g) 1 Kg. o más

8.- El café que consume ¿Qué tiempo utiliza para prepararlo?
   a) Menos de 5 min.   b) de 5 a 10 min.
   c) de 10 a 15 min.   d) más de 15 min.

9.- ¿Qué medio utiliza para preparar café?
   a) Cafetera.   b) hervir agua o leche en estufa.
   c) hervir agua o leche en microondas.

10.- ¿Dónde toma normalmente el café?
   a) Trabajo.   b) hogar.
   c) escuela.   d) cafetería.
   e) otros:

11.- ¿Dónde compra su café?
   a) Supermercados   b) tiendita
   c) cafetería   d) Autoservicio

12.- ¿Cuánto paga comúnmente al adquirir el café?
   a) Entre $5 y $20   b) entre $20 y $35
   c) entre $ 35 y $50   d) entre $50 y $65
   e) entre $65 y 80   f) entre $80 y $95
   e) entre $95 y $110   f) $110 ó más

13.- ¿Por qué medio publicitario conoció el café que usted consume?
   a) T.V.
   b) Radio
   c) Periódico
   d) Revista
   e) Internet
   f) Boletines
   g) otros

14.- ¿Le gustaría que la preparación de su taza de café fuera más práctica?
   a) si.   b) no.   ¿Por qué?:

15.- ¿Cambiaría de marca, si existiera otro tipo de presentación en el café?
   a) si   b) no

16.- ¿Es importante para usted el diseño de la presentación?
   a) si.   b) no.

17.- ¿Cuántas personas viven con usted que consuman café?
   a) 1 a 2   b) 3 a 4   c) 4 ó más

18.- ¿Cuánto estaría dispuesto a pagar por una nueva presentación?
   a) Entre $20 y $35
   b) entre $ 35 y $50
   c) entre $50 y $65
   d) entre $65 y 80
   e) entre $80 y $95

19.- ¿En dónde le gustaría adquirirlo?
   a) Supermercados
   b) tienditas
   c) cafetería
   d) Autoservicio
   e) Otro

20.- ¿Cómo acostumbra tomar el café?
   a) A solas
   b) familia
   c) Amigos
   d) compañeros de trabajo

21.- ¿Cómo prepara el café?
   a) Con agua   b) con leche

22.- ¿Cuándo hay ofertas compra el café?
   a) si   b) no

23.- ¿Cuál seria la forma más sencilla de preparar café para usted?

24.- ¿Qué expectativas tendría usted sobre una presentación innovadora de café que facilitara su preparación?

Secundarias:

- ✓ INEGI Instituto Nacional de Estadística y Geografía
- ✓ REGLAMENTACION: NORMAS ISO (International Organization for Standarization,
- ✓ NORMAS MEXICANAS NMX,
- ✓ NORMA OFICIAL MEXICANA NOM.
- ✓ Café Guía del exportador. Centro Comercial Internacional. (2002). Ginebra.

Datos del comercio mundial de café

Exportaciones mundiales de café, por valor y por volumen, 1995/96-2000/01			
Año cafetero	US$ millones	Millones	Cts/lb (FON)*
1995/96	10,1	70,2	109
1996/97	12,4	74,5	126
1997/98	12,0	78,4	116
1998/99	9,7	78,9	93
1999/00	8,6	89,3	73
2000/01	5,6	88,9	48
Fuente: OIC			*Redondeado al centavo más próximo

Fuente: Café Guía del exportador. Centro Comercial Internacional. (2002). Impreso en Ginebra. Pág. 3

Producción mexicana de café por año cafetalero 1986/87-2000/01 (En miles de sacos)

Grupooo de Arabica	Promedio			Años cafetaleros				
	1986/87 1990/91	1991/92 1995/96	1996/97 2000/01	1996/97	1997/98	1998/99	1999/00	2000/01
México	5.197	4.477	5.472	5.324	5.045	5.051	6.442	5.125

Fuente: Café Guía del exportador. Centro Comercial Internacional. (2002). Impreso en Ginebra.

Producción mundial de café por año cafetalero 1986/87-2000/01 (En miles de sacos)

	Promedio			Años cafetaleros				
	1986/87 1990/91	1991/92 1995/96	1996/97 2000/01	1996/97	1997/98	1998/99	1999/00	2000/01
Total	95.596	91.261	106.627	99.408	103.602	103.991	114.954	111.643
Grupo de arábica	68.207	64.152	70.757	64.801	69.478	73.385	75.408	68.773
América del Norte	17.617	18.145	20.034	19.182	19.707	19.160	23.160	19.910
América del Sur	39.942	36.141	40.117	35.461	39.974	44.193	40.623	38.555
África	7.728	6.712	6.538	6.454	5.683	5.859	7.174	5.892
Asia y el Pacífico	2.920	3.154	4.068	3.704	4.114	4.173	4.451	4.416

Grupo de robusta	27.389	27.109	35.870	34.607	34.124	30.066	39.546	42.870
América	4.755	5.691	5.574	5.215	5.246	5.135	5.286	6.871
África	11.800	8.692	10.344	12.170	9.193	8.301	11.642	10.207
Asia y el Pacífico	10.814	12.726	19.952	17.222	19.685	17.170	22.618	25.792

Fuente: Café Guía del exportador. Centro Comercial Internacional. (2002). Impreso en Ginebra. Pág.25

- **Estructura del mercado minorista.**

"Las ventas al por menor de café (tostado) e instantáneo) en los principales países importadores se canalizan a través de una combinación de tiendas minoristas propiedad de los mismos tostadores, de sus propios vendedores directos que suministran a supermercados e hipermercados y de mayoristas y agentes de productos de alimentación.

Los supermercados desempeñan hoy en día una función mucho mayor que antes en el comercio minorista del café, y las marcas propias de los supermercados abarcan una proporción considerable de las ventas de café al por menor. El café tostado se vende en forma molida o de grano entero y se envasa en distintos tipos y tamaños de latas y paquetes. El café soluble suele venderse en tarros, si bien los saquitos se están haciendo más populares, especialmente en los mercados emergentes y en especial para los productos en los que el café se mezcla previamente con azúcar y crema. También hay un mercado todavía pequeño, pero de intenso crecimiento, para las bebidas de café líquido listas para el uso, vendidas en latas o botellas." [1]

Los tostadores tienen 2 segmentos diferentes en el mercado:

---

[1] Idem. Café Guía del exportador. Pág. 30

- Mercado minorista (tiendas de comestibles) aquí el café se adquiere principalmente pero no en exclusiva para consumo de hogar.

- Mercado institucional (alimentos preparados), el café se destina para mercado no doméstico (restaurantes, cafés, bares, hospitales, oficinas, máquinas expendedoras, etc.

Consumo de café soluble. 1994-2000

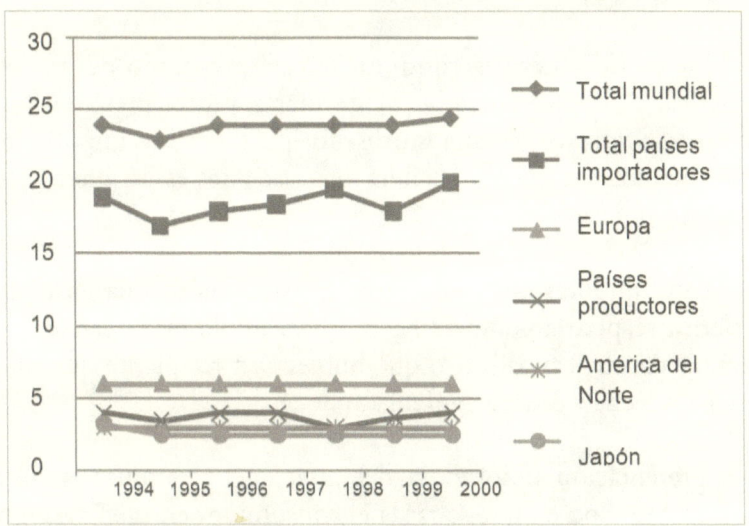

Fuente: Café Guía del exportador. Centro Comercial Internacional. (2002). Impreso en Ginebra. Pág. 34

2.4 Conclusiones del estudio de mercado.

Interpretación del cuestionario de consumidores.

Del 100% de los encuestados que les gusta el café, un 32% lo consume diariamente, aunque también 28% lo consumen de 3 a 5 días a la semana. 80% toma de 1 a 2 tazas diariamente. 43% le agrega una cucharadita de café y 43% una cucharadita de azúcar.

El 70% compra frasco de café soluble, y un 39% compra el contenido de 50 a 100 gramos, y un 35% compra la presentación entre

150 y 300 gramos. Existe similitud aproximada al 50% de prepararlo con agua o leche.

El 56% le lleva preparar su café menos de 5 minutos, y al 29% entre 5 y 10 minutos; pues 44% hierven el agua en estufa. El 63% lo toma en el hogar. 42% de los hogares donde hay 3 o 4 miembros consumen café.

Los supermercados representan el 57% como el principal lugar donde compran el café, el 43% está dispuesto a pagar un precio de $20 a $35, y 36% está dispuesto a pagar entre $35 a $50. El 66% ve la publicidad de café por televisión.

El 81% está dispuesto a consumir el café preparado de una manera más práctica, y el 82% si cambiaría de marca y otra presentación, pero sin dejar de tomar en cuenta su diseño, pues es muy importante para ellos. Y tomando en cuenta posibles ofertas, pues es un buen incentivo para los consumidores.

Los consumidores de café, piensan para hacer una taza de café más práctica se podría comprar hecho, haciéndolo en la cafetera, que el café soluble contuviera azúcar o que hubiera un recipiente que sólo se le vierta agua o leche y éste ya contenga todo.

Una presentación innovadora del café, puede cambiar la forma en elaborarlo, el tiempo en que se tarda el consumidor en prepararlo, por tal motivo creen que debería existir café líquido o como las bolsas de té, que ya incluyera el azúcar o que todo viniera en un recipiente para que sea instantáneo; esas son algunas de las ideas de los consumidores de café.

Con todas estas ideas se presenta a continuación, lo que se propone en la mezcla de mercadotecnia:

2.5 Estrategias de comercialización

1. Realizar degustaciones del producto Cofy Up en ferias de productos, demostraciones en stand.
2. Realizar promociones de venta en el lanzamiento del producto.
3. Establecer descuentos en el producto a intermediarios y clientes dependiendo del volumen de compra.

4. Muestras Gratis.
5. Uso de los anuncios publicitarios, por introducción se usarán revistas locales, página de Internet y la sección amarilla; a largo plazo se utilizará la televisión.
6. La empresa Cofy Up Veracruz S.A. de C.V. distribuirá directamente a intermediarios minoristas y mayoristas.

2.6 Producto y Servicio.

2.6.1 Producto.

El producto ofrece rapidez en la preparación de una taza de café.
- Es producto innovador y práctico por su pequeña presentación.
- Ofrece sabor y aroma agradable.
- Tiene un precio económico
- Fácil de adquirirlo
- Buena calidad
- Por ser de origen mexicano, impulsa a la economía del país y ayuda al desarrollo de la región cafetalera.

Cofy Up, es una tableta de café soluble, que puede contener azúcar y crema en polvo.

En la región del Cinturón de Oro ubicado en Coatepec, Veracruz la empresa se proveerá de materia prima en el que se encuentra el café en *especie arábica* que contiene una aroma suave, acidez agradable, poco cuerpo, contenido de cafeína bajo; y de la variedad *bourbon* y *typica* que son perfumados, florales y afrutados.

Se contará con un número total de defectos que van de 0-14 de un lote de 300 grs.

Transformaciones Físicas.
- El tueste se inicia a 250º. Comienza a perder humedad y su color pasa rápidamente del verde al amarillo pálido y luego dorado.

- Debido a que los granos de café que se incorporan están fríos la temperatura desciende y posteriormente aumenta de nuevo hasta alcanzar los 190º; la descomposición de la capa es mayor, se desprende un aceite de fuerte aroma. Los granos empiezan a hincharse y romperse adquiriendo un color café.

Transformaciones Químicas.
- Disminución del agua.
- Aumento de las Sustancias grasas.
- Disminución de los azúcares.

Los precursores del sabor y aroma del café son:	Hay factores que afectan el tostado que son:
• Proteínas	• Humedad temperatura ambiental
• Alcaloides (trigonelina y cafeína)	• Tamaño y densidad de grano
• Azúcares	• Tipo de grano y mezcla
• Aminoácidos	• Intensidad de la flama
• Ácidos Clorogénicos	
• Ácidos Orgánicos	
• Lípidos	

Descriptores y características deseables en taza de café:	Características indeseables:
• Aroma	• Agrio
• Acidez Amarga	• Fermentado
• Cuerpo	• Mohoso
• Astringencia	• Fenólico
• Resabio o regusto	• Hierba
	• Terroso

Cofy Up es un **bien de conveniencia** porque:

✓ Es un producto tangible de consumo frecuente y el consumidor hace un esfuerzo mínimo en su compra.
✓ Los bienes de conveniencia tienen como característica un precio relativamente bajo, no son voluminosos y no son influenciados fuertemente por la moda.
✓ Tiene como propósito establecerse en un mayor número posible de tiendas, es importante exhibirlo en puntos de venta, al igual que el nombre de la marca y su empaque.

- **Ciclo de Vida del Producto**

I.- Introducción • Anuncios publicitarios. • Demostraciones. • Muestras gratis.	*II.- Crecimiento* • Aumenta los competidores. • Compradores de repetición. • Mismas promociones. • Publicidad agresiva.
III Madurez • Retomar spot publicitarios. • Buscar nuevos consumidores. • Ampliar nuestra línea de producto.	*IV Declive* • Mantener el producto reduciendo gastos. • Innovar el diseño del empaque. • Aumentar promociones

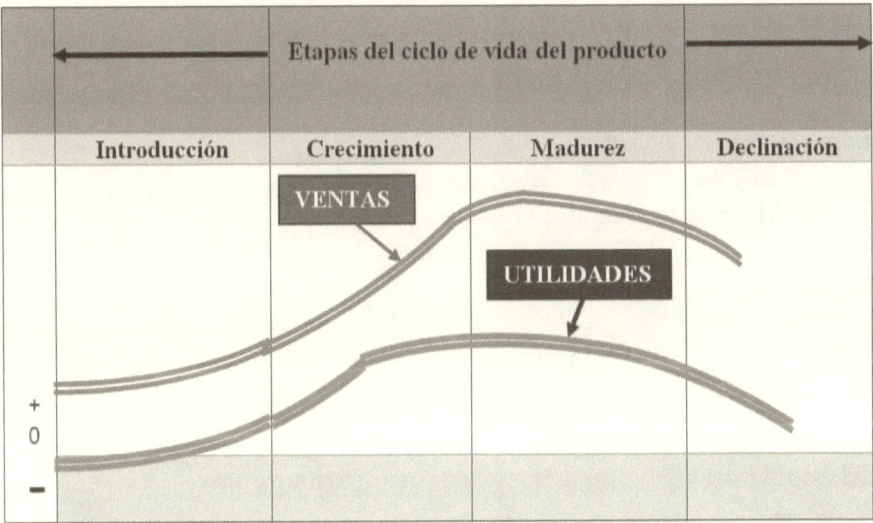

Cofy Up es un **producto de aprendizaje bajo**, ya que el consumidor no necesita capacitación o de algún manual para preparar su taza de café; sólo tendrá que verter la tableta en la taza de agua caliente.

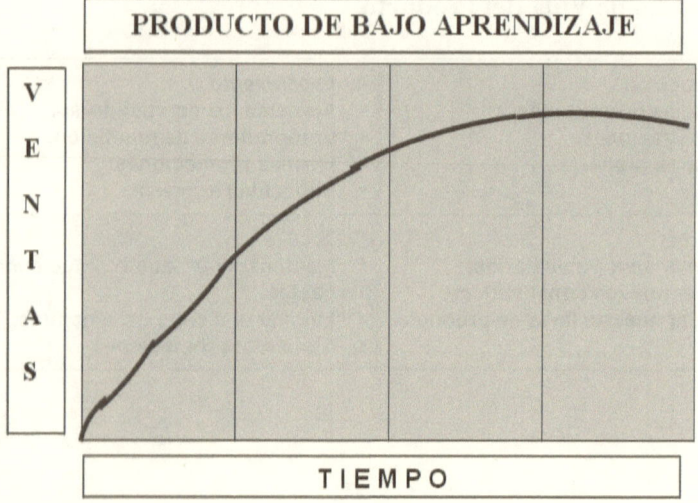

- **Eslogan**

Exquisitamente práctico

- **Marca Comercial:**

COFY UP

- **Personalidad de la Marca:**

Las características humanas asociadas con la marca comercial, resultan del estudio del segmento de mercado. Estos atributos son:

- Pragmatismo
- Innovación
- Mente abierta
- Modernidad
- Autosuficiencia

ETIQUETAS

Tabletas de café puro soluble
Contenido neto: 30 piezas

Tabletas de café soluble con azúcar
Contenido neto: 30 piezas

Tabletas de café soluble con azúcar y crema
Contenido neto: 30 piezas

Modo de preparación:
1. Pon agua caliente en una taza
2. Vierte una tableta Cofy Up
3. Disfrútala y ¡buen provecho!

Hecho en México. Elaborado por Cofy Up Veracruz S.A Calle 13 Lote 55. Cd. Industrial Bruno Pagliai Veracruz, Ver. Manténgase en un lugar seco. Conserve el ambiente. Deposite la basura en su lugar.
Fecha de elaboración: 12/07/09
Fecha de caducidad: 12/12/09

Ingredientes: Café puro soluble. Puede contener azúcar refinada y crema en polvo

Información nutricional Porción 100 gr.	
Energía:	66,60 Kcal.
Hidratos de carbono:	16,20 gr.
Proteínas:	0,44 gr.
Ácidos grasos saturados	0,28 gr.
Ácidos grasos monoinsaturados	0,16 gr.
Ácidos grasos poliinsaturados	0,01 gr.
Colesterol:	Inapreciable.
Calcio:	2,84 mg.
Hierro:	0,19 mg.
Zinc:	0,15 mg.
Ácido fólico:	0,80 µg.

ESTUDIO DE FACTIBILIDAD DE UN PRODUCTO INNOVADOR DE CAFÉ.

- **Empaque**

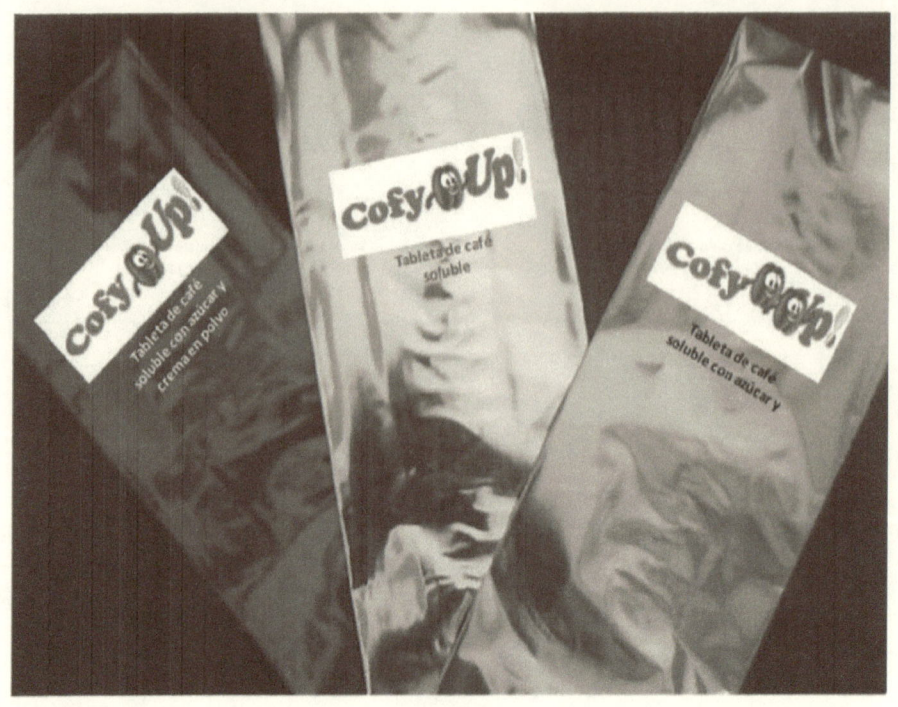

- **Tabletas**

TABLETA SOLUBLE DE CAFÉ SOLO

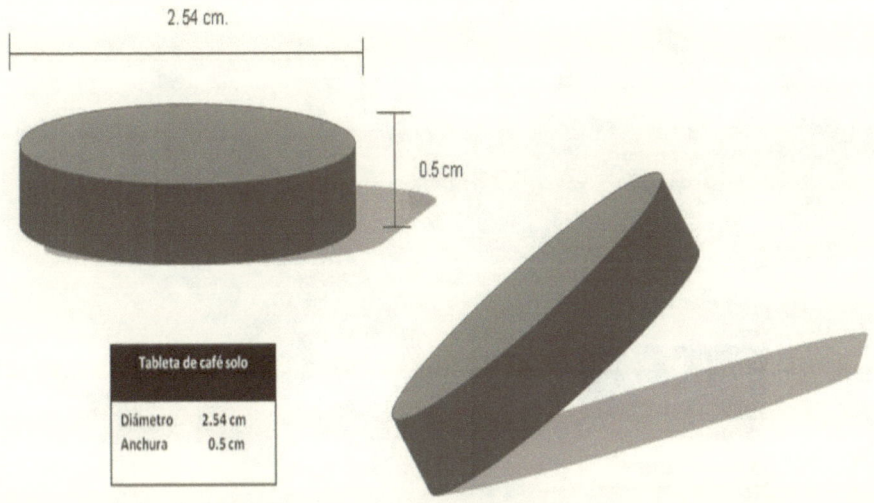

TABLETA SOLUBLE DE CAFÉ CON AZUCAR

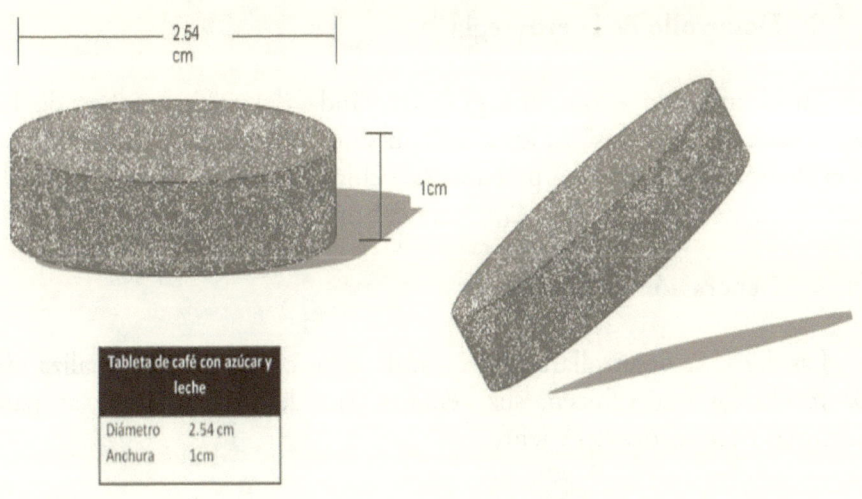

TABLETA SOLUBLE DE CAFÉ CON AZUCAR Y CREMA EN POLVO

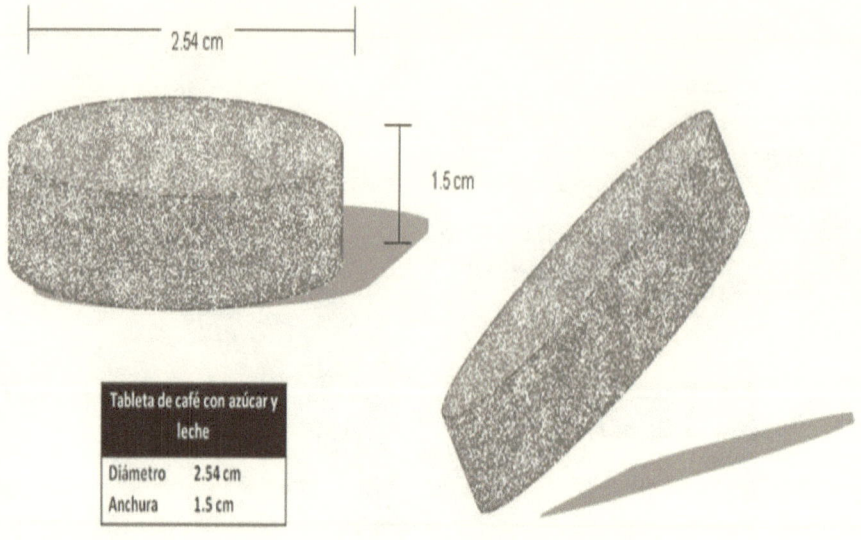

2.7 El proceso de creación de un nuevo producto

❖ **Desarrollo de la estrategia**

En el mercado existe una gran demanda del café, muchas de las necesidades de los consumidores no han sido cubiertas, un claro ejemplo es el tiempo que tardan en preparar la bebida; es de ahí donde inicia la idea de la creación de Cofy Up, para cubrir dicha necesidad.

❖ **Generación de la idea:**

Las ideas se desarrollaron observando a los competidores; analizando los productos que ofrecen, sus ventajas, sus defectos y carencias para cubrir las necesidades del cliente.

❖ **Investigación y evaluación:**

Se evaluó la dificultad de la transformación de la idea, si ésta es capaz de cumplir con los objetivos ya antes definidos; en una evaluación interna, se estudió la posibilidad de fabricar el producto y qué utilidad podría retribuir. En una evaluación externa, se especificó posibles clientes y su demanda potencial.

❖ **Análisis del negocio:**

Se hizo una recopilación de datos sobre el producto nuevo, si es benéfico para la empresa, si es capaz de cubrir las necesidades de los consumidores, si cumple con la misión, los objetivos, si es posible su fabricación y qué tan económico resultaría.

Se elaboraron proyecciones financieras y se realizó la planeación para su comercialización como para poder posicionarse en el mercado.

❖ **Desarrollo:**

En esta etapa se pasa de la idea al prototipo del producto a través de ello, se pueden realizar pruebas sobre la compactación del café, si no hay cambios en el sabor, si el empaque es el adecuado, etc. para que posteriormente se hagan pruebas de degustación y observar la respuesta del consumidor.

❖ **Prueba de mercado:**

Consiste en exponer al consumidor los productos que se crearon en la etapa de desarrollo para observar si el cliente compraría o no el producto.

En esta etapa se realizaron pruebas de degustación para conocer si los productos son del agrado de las personas y obtener información de las opiniones para después hacer un análisis de los resultados y tomar decisiones sobre hacer cambios o si Cofy Up ya está listo para empezar a comercializarse.

❖ **Comercialización:**

Es el lanzamiento y posicionamiento de los productos en el mercado. Cofy Up cuenta con tres planes de distribución; a corto plazo en el que se utilizarán dos canales de distribución: el primero es vender directamente al consumidor sin tener un intermediario y el segundo es contar con un minorista que en este caso serían *tienditas* para que el consumidor empiece a familiarizarse con los productos; a mediano plazo se utilizarán intermediarios que van desde tiendas pequeñas, tiendas de autoservicio y supermercados para ir abarcando más mercado; y por último el de largo plazo donde la distribución se enfocará en aerolíneas y central de autobuses ya que en estos lugares se busca dar un buen servicio al cliente de manera rápida y es uno de los atributos de Cofy Up lograr minimizar el tiempo de preparación.

2.8 Precio

Determinación del precio				Tableta de café solo	Tableta de café con azúcar	Tableta de café, azúcar y crema
Ingredientes	Cantidad	Costo	Cantidad a utilizar	Costo de material x paquete	Costo de material x paquete	Costo de material x paquete
Café	kg.	$33.00	0.06	$1.98	$1.98	$1.98
Leche en polvo	kg.	16.00	0.05			$0.80
Azúcar	Pza.	10.00	0.03		$0.30	$0.30
Agua		1.00	1			
Empaque de plástico	Pza.	3.50	1	$1.00	$1.00	$1.00
		2.50	1	$3.50	$3.50	$3.50
Empaque				$2.50	$2.50	$2.00
Etiquetas de plástico adheribles		2.00	1	$2.00	$2.00	$2.00
Total Mat. prima				**$10.98**	**$11.28**	**$12.08**
Margen de utilidad				7.02	7.72	8.92
Porcentaje de utilidad				39%	40.6%	42.4%
Precio de venta				**$ 18.00**	**$19.00**	**$ 21.00**

2.9 Plaza y/o Canales de Comercialización

Corto Plazo: La distribución de los productos Cofy Up se realizará a través de 2 canales, uno directo y otro utilizando un intermediario minorista (*tienditas*) para llegar al consumidor final.

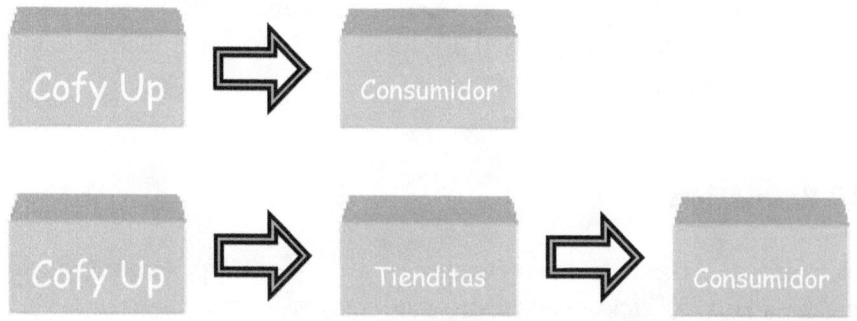

Mediano Plazo: la distribución se ampliará, llegando a los centros de auto- servicio *(Oxxo, Smart, Yepas)* y supermercados, *(Chedraui, Soriana, Mega Comercial Mexicana, Wal Mart,* etc*)*.

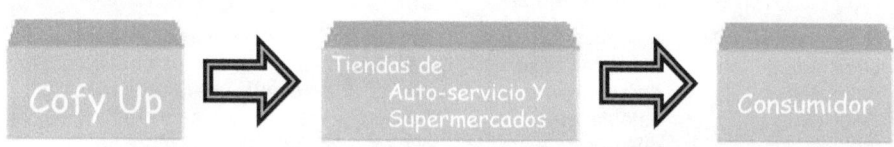

Largo Plazo: los consumidores conocen la marca y han probado el producto, y la distribución se basará en aerolíneas y líneas de transportes como intermediarios, ya que se conoce que incluyen entre sus servicios la bebida de café de forma instantánea.

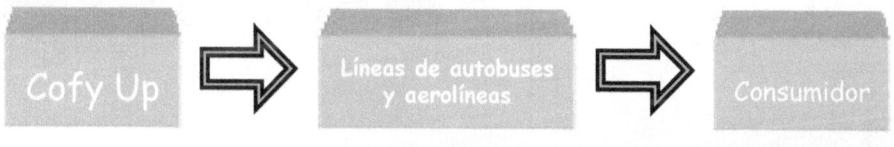

1. De acuerdo al crecimiento de penetración dentro del mercado, la plaza se irá extendiendo y los puntos de venta irán aumentando.
2. El contacto con los consumidores se evaluará de acuerdo al tipo de canal de distribución que hayan utilizado para comprar el producto.
3. El canal directo, proporcionará mayor contacto con el cliente y se podrá obtener información donde el consumidor sugiera propuestas para el producto.

4. A través de los canales indirectos, los consumidores tendrán la oportunidad de adquirir el producto en el lugar, tiempo, posesión y forma que más les acomode.

2.10 Promoción

Dentro de la mezcla de mercadotecnia de Cofy Up, la promoción estará basada en el ciclo de vida del producto, ya que las inversiones en publicidad, promoción de ventas y propaganda se basarán en periodos a corto, mediano y largo plazos.

Introducción	*Crecimiento*	*Madurez*	*Declive*
Medios publicitarios:	**Medios publicitarios:**	**Medios publicitarios:**	**Medios publicitarios:**
Revistas: La cobertura estará en revistas locales y de distribución gratuita como *Enlace Veracruzano*.	Los medios publicitarios se enfocarán en establecer las diferencias entre Cofy Up y otros productos de la competencia.	Se utilizará cobertura más amplia a través del uso de nuevos medios publicitarios	Se cambiará la imagen del producto para re-posicionarlo y se utilizará la cobertura de televisión, revistas, internet y exterior para dar a conocer la transformación del producto.
Exterior: Se hará uso de pancartas y posters publicitarios en la localidad, así como anuncios en las paradas de autobuses.	Páginas amarillas: Se invertirá en anunciarse a través de la *Sección amarilla*.	Televisión: Para llegar a audiencias mayores, utilizando sonidos, imágenes y movimientos que impacten al consumidor.	
Internet: Se construirá una página en red para dar a conocer Cofy Up.		Se seguirá utilizando revistas, publicidad exterior, internet y páginas amarillas.	

Promoción de ventas:	Promoción de ventas:	Promoción de ventas:	Promoción de ventas:
Promociones por precio de introducción y producto adicional. Muestras gratis Demostraciones del producto a clientes. Regalos Por compra	Se hará uso de expositores de punto de venta en tiendas de autoservicio y supermercados.	Promociones por producto adicional. Regalos por compra. Programas de fidelización a clientes leales.	Promociones por producto adicional. Regalos por compra. Demostraciones del producto a clientes. Concursos.

2.11 Estimación de la demanda

Clientes:

Hombres y mujeres de 18-50 años: Estudiantes, empleados, profesionistas y amas de casa.

- *Demanda estimada:*

Estimación de la demanda total

El método de la razón en cadena permite definir cuál es el tamaño del mercado.

En el siguiente método se determina cómo calcular el valor de la demanda.

$$Q = npq$$

Donde:
Q= demanda total del mercado.
n= número de compradores en el mercado.
q= cantidad comprada por un comprador medio al año.
p= precio de una unidad (paquete de 20 tabletas).

Se toma como base un precio promedio de $19.33, que resulta de: (18.00+19.00+21.00/3).

Q= (57,416)(6)($19.33)=$6,659,108.00

Por lo tanto si se considera la estimación de la demanda para cada una de las presentaciones del producto, se obtendrá:

Tableta de café   Q= (57416)(6)($18.00) = $6,200,928.00
Tableta de café con azúcar   Q= (57416)(6)($19.00) = $6,545,424.00
Tableta de café, azúcar y crema en polvo   Q= (57416)(6)($21.00) = $7,234,416.00

2.12 Definición de los principales competidores

> A nivel internacional, los 10 tostadores más importantes abarcan el 63% de todas las ventas de café elaborado (tostado y soluble).
>
> "En el ámbito mundial **Nestlé y Kraft Foods** tienen **un 75% del mercado mundial**, y Nestlé suministra por si sola más de la mitad de la demanda mundial del café instantáneo"[2].
>
> Las importaciones brutas de todos los tipos de café han aumentado en un 266%, pasando desde 27,6 millones de sacos en 1947 a 101,2 millones de sacos en el 2001.
>
> El crecimiento del consumo de café soluble se atribuye al aumento de la demanda de Europa Oriental, se extendió la demanda del producto conocido como "tres en uno", que una bebida de café soluble con crema no láctea y azúcar, en saquitos individuales de una porción.

---

[2] Café Guía del exportador. Centro Comercial Internacional. (2002). Impreso en Ginebra. Pág. 35

2.13 Normas de calidad.

NORMAS ISO

ISO 4149	Café verde – Examen olfativo y visual y determinación de materia extraña y defectos.
ISO 6668:1991	Café verde – Preparación de las muestras para uso en análisis de sensibilidad.
ISO 4052-1983	Determinación de café de contenido de cafeína (método de referencia).
ISO 3509 – 2005	Términos más de uso general referente el café y a sus productos.
ISO 1446-2001	Café verde - determinación de humedad (método de referencia básica).
ISO 6667-1985	Examinación visual de la superficie externa de semillas.

- *NORMAS MEXICANAS*

NMX-F-173-S-1982	Café tostado y Café mezclado tostado con azúcar.
NMX-F-139-1981	Alimentos para humanos - Café soluble
NMX-F-551-1996-SCFI:	Café verde-especificaciones y métodos de prueba.
NMX-F-173-SCFI-2000	Café puro tostado en grano o molido sin descafeinar o descafeinado. Especificaciones y métodos de prueba.
NMX-F-013-SCFI-2000	Café puro tostado en grano molido sin descafeinado o descafeinado. Especificaciones y métodos de prueba.
NMX-F-139-SCFI-2004	Café soluble puro sin descafeinar o descafeinado. Especificaciones y métodos de prueba.
NOM-149-SCFI-2001	Café Veracruz. Especificaciones y métodos de prueba.

❖ **Ley sobre la Elaboración y Venta de Café Tostado:**

El producto obtenido de las semillas de diversas especies del género Coffea que es familia de las Rubiáceas, se le denomina café verde, que posteriormente será objeto de un proceso de desecación y descascarado. El tostado deberá someterse a una temperatura superior a los 150° C.

Esta ley, es la encargada de regular la elaboración y venta del café tostado ya sea en grano, molido, granulado, instantáneo, formas solubles, concentrados e infusiones.

Estipula que el café tostado a la vista del consumidor, podrá venderse en envases cerrados, sellados o precintados que deberán tener los siguientes datos:

- Nombre y dirección del titular y número de registro ante la Secretaria de Salud.
- Denominación y marca del producto.
- Peso o volumen neto del producto, contenido en el envase.
- En caso que esté mezclado con otros productos deberá proporcionar información sobre las sustancias adicionales.

c) Pronóstico de ventas

- Formular una estimación de demanda en términos de volumen.

2.14 Formulación de una estimación de demanda en ventas

Formulación de una estimación de demanda en ventas			
Paquete y precio respectivos	Unidades al mes	Ventas x mes	Ventas x año
Café solo	$ 18.00	5,200	$ 93,600	$1,123,200.00
Café con azúcar	$ 19.00	7,280	$138,320	$1,659,840.00
Café con azúcar y crema en polvo	$ 21.00	8,320	$174,720	$2,096,640.00
	Total	20,800	$406,640	**$4,879,600.00**

CAP III

ESTUDIO TÉCNICO

Dr. Oscar González Ríos.
Dr. Perfecto Gabriel Trujillo Castro.
M.I.A. Noemí del Carmen Tenorio Prieto.
C. Cristina Leo Valdivia.

3.1 Proceso productivo

3.1.1 Descripción y justificación de proceso de producción

El proceso para elaborar la tableta de café es el siguiente:

1. El primer paso es calentar el tostador de café a una temperatura de 250°. Después se vierten los granos de café verde para que se tuesten y se retiran a una temperatura de 190°.

2. Se verifica que el tostado sea el correcto y se espera a que se enfríen los granos.

3. Una vez que los granos de café tostado están a temperatura ambiente, se empacan en bolsas resellables durante 24 horas en un congelador.

4. Al siguiente día los granos de café tostado se sacan del congelador para su posterior molienda.

5. El café tostado se vierte en la máquina trituradora que hace que el café tenga partículas más finas.

6. Se prepara la infusión de la bebida de café y ultra congela a -60°C para que la materia pase por el liofilizador y se obtenga el café soluble.

7. Enseguida se toman las medidas correctas para elaborar la pastilla de café de acuerdo a su presentación (ya que puede contener azúcar y crema en polvo)

8. Si ésta contuviera azúcar y leche en polvo, el café se mezclaría perfectamente
con el resto de los componentes.

9. Los ingredientes mezclados se vierten en un molde cilíndrico perforado, el cual es ubicada debajo de la prensa mecánica de la tableteadora.

10. Al presionar el tornillo hacia abajo, el cilindro de presión que se encuentra en la parte inferior del tornillo desciende por el interior del molde perforado presionando la masa de café, azúcar y crema en polvo. Debido a la presión, el café y el resto de los ingredientes son comprimidos por la presión que se ejerce al girar el tornillo grande.

11. Una vez ejercida la presión, se verifica que la pastilla esté bien comprimida para empacarla.

TIEMPO DE PREPARACIÓN DE UNA TAZA DE

Preparación típica de una taza de café soluble	
Buscar taza	5 segundos.
Buscar insumos	20 seg.
Calentar agua (cuando se es necesario)	40 seg.
Verter agua caliente en taza	3 seg.
Medir porción de café con cuchara	3 seg.
Medir porción de azúcar con cuchara (si es el caso)	3 seg.
Medir porción de crema en polvo con cuchara (si es el caso)	3 seg.
Agitar mezcla con cuchara hasta que se disuelvan los solutos	12 seg.
Tiempo total	***89 seg.***

Preparación de una taza de café soluble con COFY UP	
Buscar taza	5 segundos.
Calentar agua (cuando se es necesario)	40 seg.
Verter agua caliente en taza	3 seg.
Verter tableta Cofy Up	2 seg.
Agitar	6 seg.
Tiempo total	***56 seg***

DISEÑO DEL PRODUCTO ÁRBOL DE NAVIDAD COFY UP

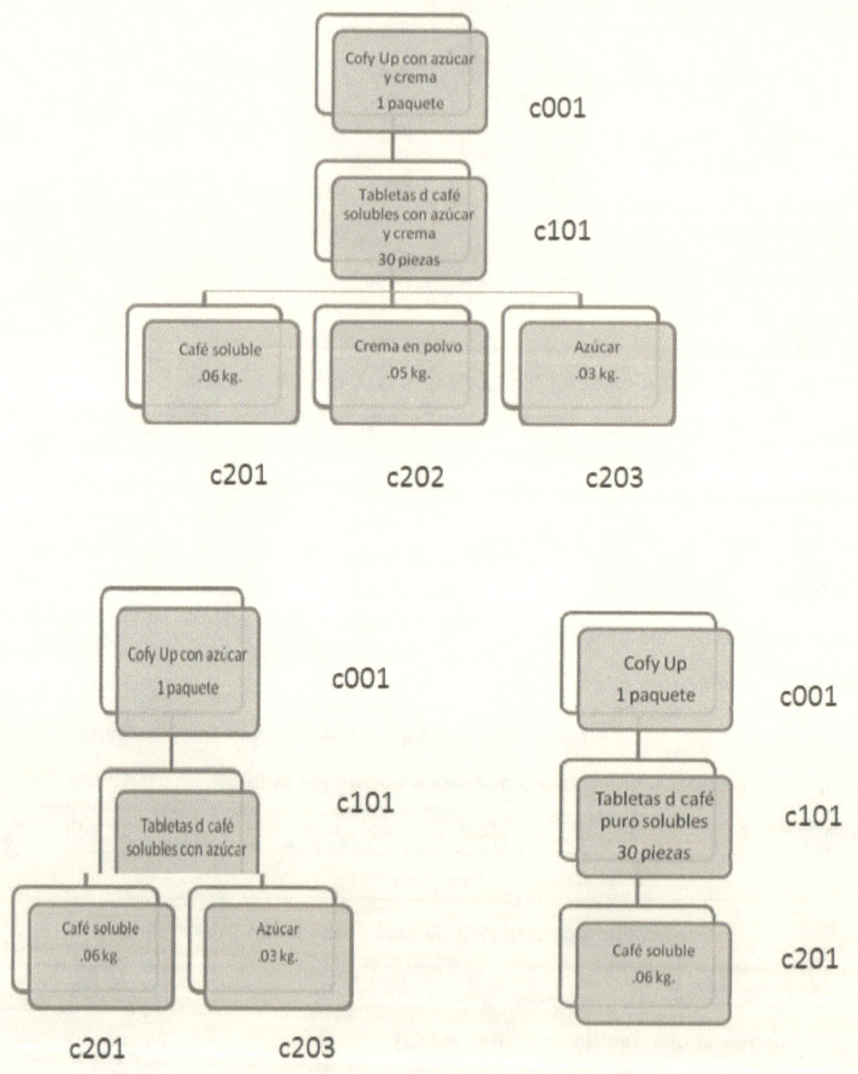

PARTES SEMITERMINADAS COFY UP

CODIFIC ACIÓN	NIVEL DE INTEGRACIÓN 0	NIVEL DE INTEGRACIÓN 1	NIVEL DE INTEGRACIÓN 2	DESCRIPCIÒN	DIBUJO	N° DE PARTES	TIPO DE MATERIAL	MULT.	CANT. DE MAT. STD. X UNIDAD	UNIDAD MEDIDA	N° DE PEDIDO	CANT. SOLC.	FECHA DE SOLICITUD
C201			X	CAFÉ	00	C201	ALIMENTICIO	.06 kg..	1.9 grs.	Gr.	0	1,KG	05/09/2011
C202			X	CREMA EN POLVO	00	C202	ALIMENTICIO	.05 kg.	1.7 grs.	Gr	0	1 kg.	05/09/2011
C203			X	AZÚCAR	00	C203	ALIMENTICIO	.03 kg.	1 gr.	Gr.	0	1KG.	05/09/2011

LISTA MAESTRA DE PARTES

NÚMERO DE PRODUCTO TERMINADO: 001					DESCRIPCIÓN: TABLETAS DE CAFÉ 20 PZAS.		
CATÁLOGO:	ELABORÓ	REVISO	APROBÓ:	DIBUJO DE CONJUNTO:		DIVISIÓN:	CANTIDAD A PRODUCIR:
COFY UP	Noemí	Oscar	Perfecto		01	PRODUCCIÓN	5200 PAQ café puro 7208 PAQ café y azúcar 8320 PAQ café azúcar y crema
N° DE ORDEN:01				FECHA: O5/09/2011		LÍNEA: INGENIERÍA DEL PRODUCTO	

MATERIALES DE COMPRA

CODIFICACIÓN:	NIVEL DE INTEGRACIÓN 1	NIVEL DE INTEGRACIÓN 2	NIVEL DE INTEGRACIÓN 3	DESCRIPCIÓN	DIBUJO	N° DE PARTE	TIPO DE MAT.	MULT.	CANT DE MAT. STD. X UNIDAD	UNIDAD MEDIDA	CANT. NECESARIA DE PIEZAS	EXIST PZAS.	CANT. REQ. DE PZAS.
C101	X			EMPAQUE		C101	METÁLICO	1	1	PIEZA	4,875	0	5200 café puro 7208 café y azúcar 8320 café azúcar y crema
C101			X	ETIQUETA		C203	PLÁSTICO	2	2	PIEZA	9750	0	5200 café puro 7208 café y azúcar 8320 café azúcar y crema

ESTUDIO DE FACTIBILIDAD DE UN PRODUCTO INNOVADOR DE CAFÉ.

DIAGRAMA DE PROCESO DE OPERACIONES PARA FABRICAR TABLETA DE CAFÉ

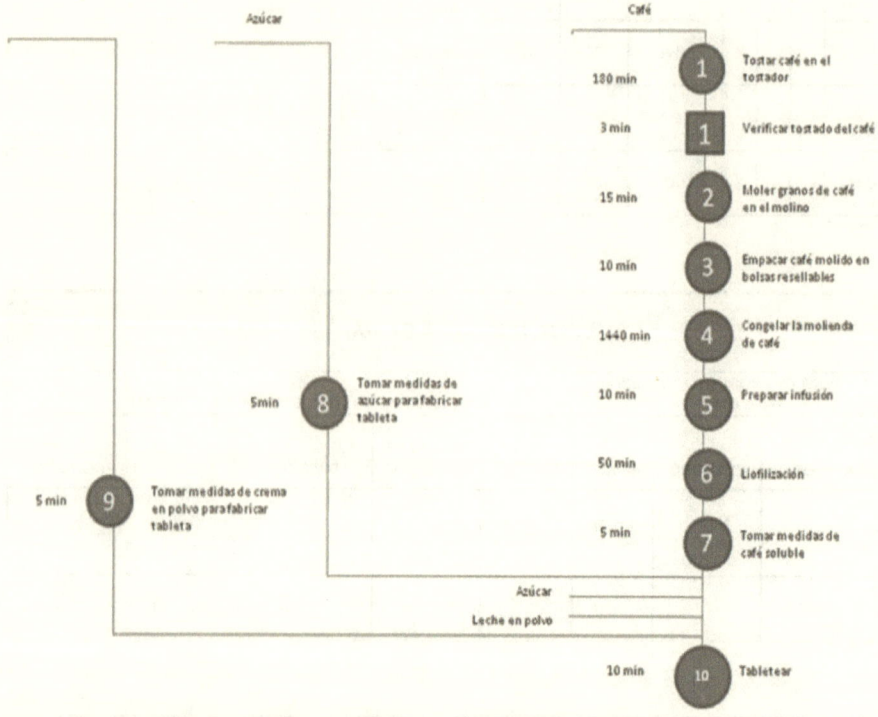

Evento	No.	Tiempo
Operación	10	1733
Inspección	1	3
Act. Comb.	0	0
Total	11	1736 Min.

ESTUDIO DE FACTIBILIDAD DE UN PRODUCTO INNOVADOR DE CAFÉ.

DIAGRAMA DE PROCESO DE FLUJO

Asunto diagramado: café
Método actual

Plano: 2   Artículo: 2
El diagrama empieza en: Alacena de almacén en espera
El diagrama termina en: Almacén en espera de mezclar ingredientes

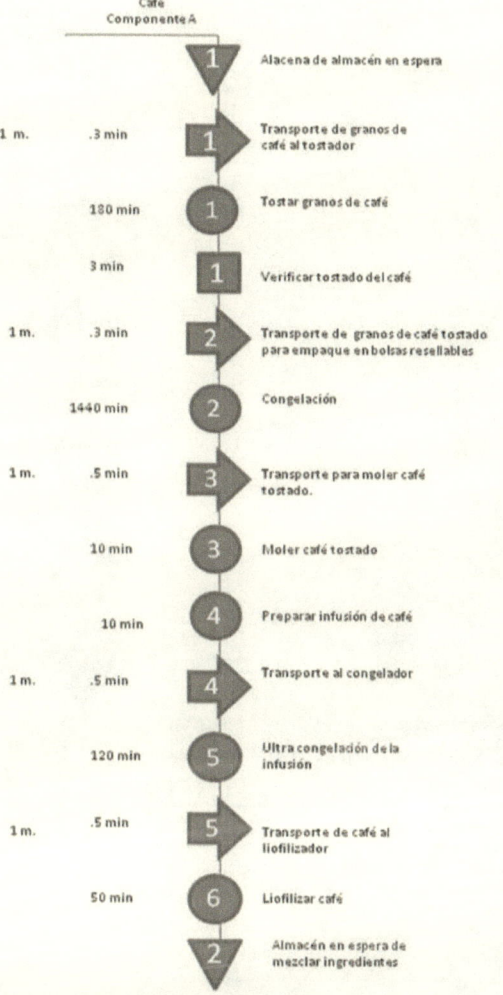

Evento	No.	Tiempo	Distancia
Operación	6	1810	
Inspección	1	3	
Transporte	5	2.5	5 m
Almacén	2	0	
Total	14	1815.5min	5m

DIAGRAMA DE PROCESO DE FLUJO

Asunto diagramado: azúcar
Método actual
Plano: 3 Artículo: 3
El diagrama empieza en: Alacena de almacén en espera
El diagrama termina en: Almacén en espera de mezclar

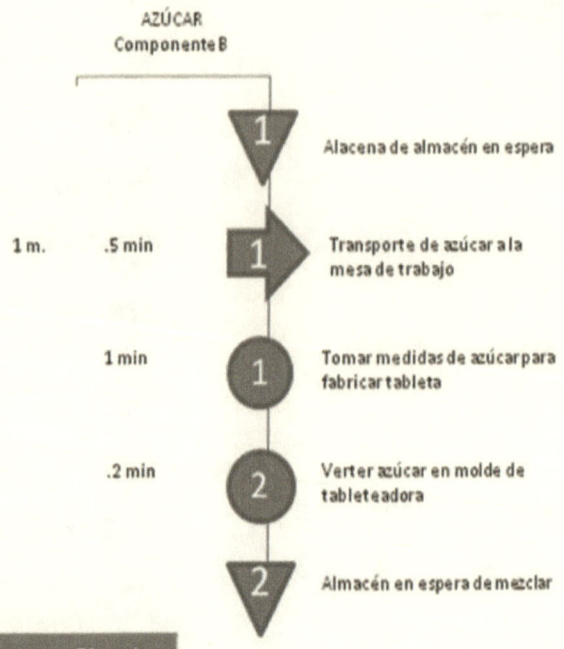

Evento	No.	Tiempo	Distancia
Operación	2	1.2	
Inspección	0	0	
Transporte	1	0.5	1 m
Almacén	2	0	
Total	5	1.7 min	1 m

ESTUDIO DE FACTIBILIDAD DE UN PRODUCTO INNOVADOR DE CAFÉ.

DIAGRAMA DE PROCESO DE FLUJO

Asunto diagramado: crema en polvo
Método actual

Plano: 4   Artículo: 4
El diagrama empieza en: Alacena de almacén en espera
El diagrama termina en: Almacén en espera de mezclar

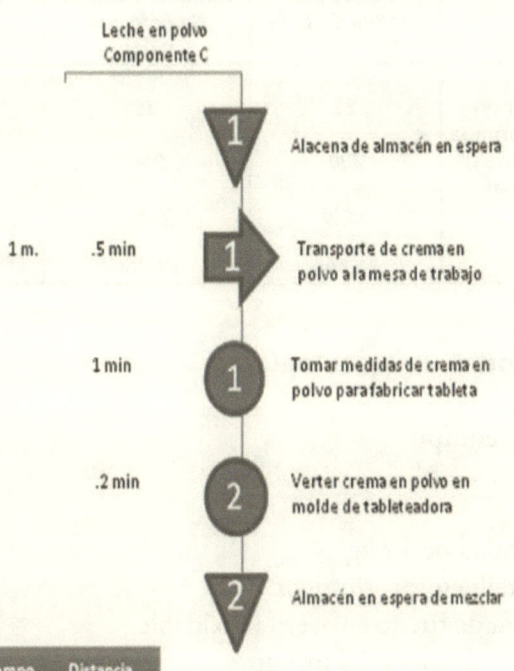

Evento	No.	Tiempo	Distancia
Operación	2	1.2	
Inspección	0	0	
Transporte	1	0.5	1 m
Almacén	2	0	
Total	5	1.7 min	1 m

ESTUDIO DE FACTIBILIDAD DE UN PRODUCTO INNOVADOR DE CAFÉ.

3.1.2 Capacidad de la planta

	Producción de Capacidad Instalada (estimación de volumen)		
	Paquetes tableta de café	Paquetes tableta de café con azúcar	Paquetes tableta de café con azúcar y crema en polvo
Producción * Hr.	25	35	40
Producción * jornada	200	280	320
Producción al mes	5200	7280	8320
Producción anual	62,400	87,360	99,840

3.1.3 Selección de la Tecnología.

Maquinaria y equipo

TOSTADOR
- Capacidad de 10 kg.
- Motoreductores eléctricos.
- Cámara de tueste en acero inoxidable.
- Tiempo de tueste 25 minutos.
- Tolva de carga en acero inoxidable.
- Quemador de alta presión.
- Acabado en esmalte acrílico (color a elegir).
- Depósito de tamo.
- Tina de enfriamiento.
- Mirilla de cristal.
- Motor de: 2.5 a 3 H.P.
- 110 V – 60 Ciclos.

SELLADORA
- Tomacorriente de 110-127 volts
- Sello consiste en línea de unos 3 milímetros de grosor y 33 a 35 cm.
- Consumo en watts: 100 Watts/h.

MOLINO
- Potencia de 1 HP con motor tropicalizado
- Capacidad de 60 Kg por hora.
- 7 tipos de molido. (grueso a delgado).
- Tolva de carga de 3 Kg.
- Sistema interno de alimentación
- Discos dentados y de corte nacionales.
- Acabado en esmalte acrílico. (color a elegir)
- Centro de carga QOD.
- Voltaje a 110 v.

DESPULPADORA
- Capacidad: 2500 Kgs. de cerezo por hora.
- Velocidad: 170-200 RPM
- Voltaje: 220
- Motor: 1.5 HP Eléctrico/5 HP gasolina
- Peso: 75 Kgs.
- Disco: Dientes fundidos de gran resistencia
- Altura/Ancho/Fondo = 71 cm/40 cm/71 cm

BÁSCULA
- Capacidad 15 Kg.
- Precisión: 1/3000
- 110V/60Hz.
- Cristal liquido con 5 dígitos.
- 53 mA de corriente directa. 6W de consumo.
- Con batería recargable 6V4AH
- Temperatura de trabajo: 0°C/ + 40°C.
- Medidas de: Frente: 55.5 cm x Alto: 34 cm x
- Ancho: 40 cm. Peso: 1.7 Kg.

Cristal liquido con 5 dígitos.
53 dimensiones de corriente directa. 6W de consumo.
Con batería recargable 6V4AH
Temperatura de trabajo: 0°C/+ 40°C.
Medidas de: Frente: 55.5 cm x Alto: 34 cm x
Ancho: 40 cm. Peso: 1.7 Kg.

CONGELADOR

- Capacidad de 7 pies cúbicos
- 1 canastilla
- Control de temperatura ajustable
- Luz de encendido
- Descongelamiento manual color blanco
- Consumo de 1.8 kw

TABLETEADORA

- Estaciones: 16
- Producción: 1000 Tabletas por Hora.
- Sistema interno de alimentación
- Discos dentados y de corte nacionales.
- Acabado en esmalte acrílico.
- Tamaño Máximo de tableta de 26.0 mm.
- Consumo de 1 kw

LIOFILIZADOR

- Liofilizador de mesa y manifold de 8 válvulas marca labotec modelo 01.JLG, completo,
- Bomba de Vacío (rotatoria de 117 lts./min)
- Cámara de liofilizado cilíndrica en acrílico
- 8 (ocho) válvulas adaptadoras de vacío.
- 8 (ocho) frascos de liofilizado de 1.000 ml, ò 500 ml, ò 250 ml ò 250 mL de capacidad.
- Con certificación de calidad ISO9001:2000

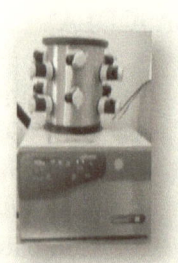

Proveedores de equipo:

Solo Café. Zaragoza 92-B. Coatepec Veracruz. (228) 81 643 65. Cafeterías Café: Av. 20 de Noviembre Ote No. 120 – 1 Zona Centro, Xalapa, Veracruz

Proveedores de materia prima:

Café verde: Laura Fuentes Márquez. Dirección conocida. Coatepec, Veracruz

Azúcar refinada: Distribuidora cordobesa S.A. de C.V. Calle 8, No.117, Córdoba Veracruz.

Crema en polvo: Con Alimentos S.A. de C.V. Calle Calzada La Viga No. 105. Ecatepec, Estado de México.

Proveedores de Empaques:

Empaque individual, metálico y de plástico: La Josefina Dulcería. Hidalgo Esq. Canal. Veracruz, Ver.

3.1.4 Lista de bienes

Maquinaria y equipo a utilizar	Inversión (costo)
Molino	$15,200.00
Tostador	60,800.00
Selladora	25,000.00
Despulpadora	22,900.00
Liofilización	100,000.00
Báscula	2,000.00
Congelador	15,000.00
Tableteadora	60,000.00
TOTAL	$300,900.00

3.2 Características de tecnología

3.2.1 Justificar nivel tecnológico

Para obtener la tableta de café es necesario pasar por un procedimiento que va desde despulpar el café hasta conseguir el café soluble, para compactarlo y obtener como producto final las tabletas Cofy Up se necesita contar con maquinaria especializada.

3.2.2 Accesibilidad tecnológica

En este punto se destaca que existen varios agentes que venden maquinaria y equipo necesarios para las operaciones de Cofy Up Veracruz S.A. de C.V., por lo que la empresa cuenta con diversas alternativas para elegir entre las máquinas para fabricar la tableta de café soluble en el mercado. La disponibilidad es alta por lo que es cuestión únicamente de buscar qué opciones, precios, funciones requeridas según las necesidades y crecimiento del negocio. Los proveedores de la maquinaria son los mismos que proporcionan mantenimiento a las mismas.

DESPULPADORA

 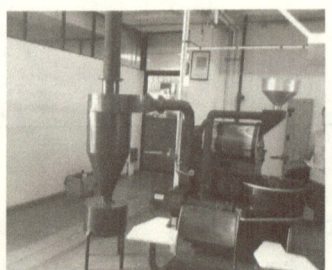 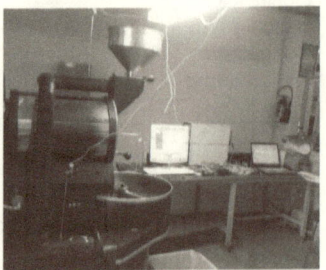

TOSTADOR

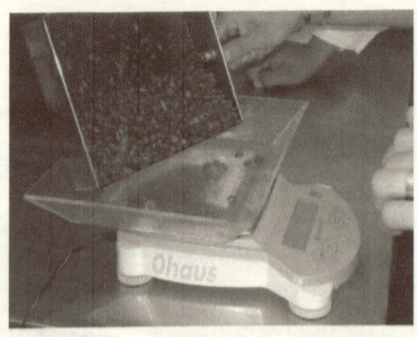 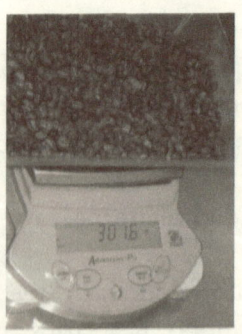

BÁSCULA

MOLINO

  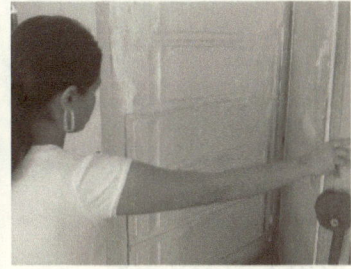

CONGELADOR

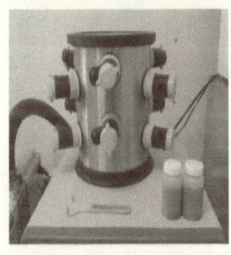   

LIOFILIZADOR

 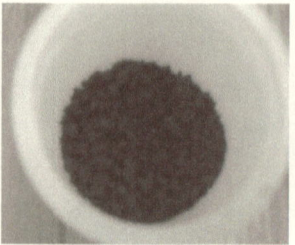 

CAFÉ SOLUBLE

   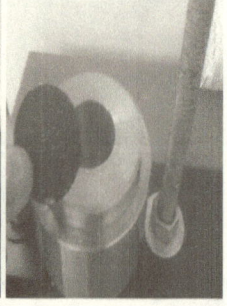

TABLETEADORA

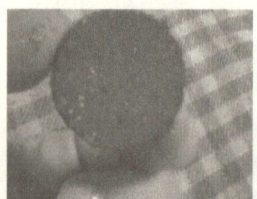 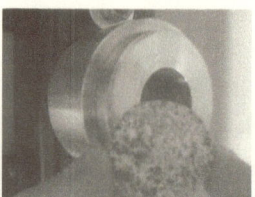 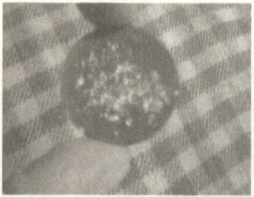

PRODUCTO FINAL

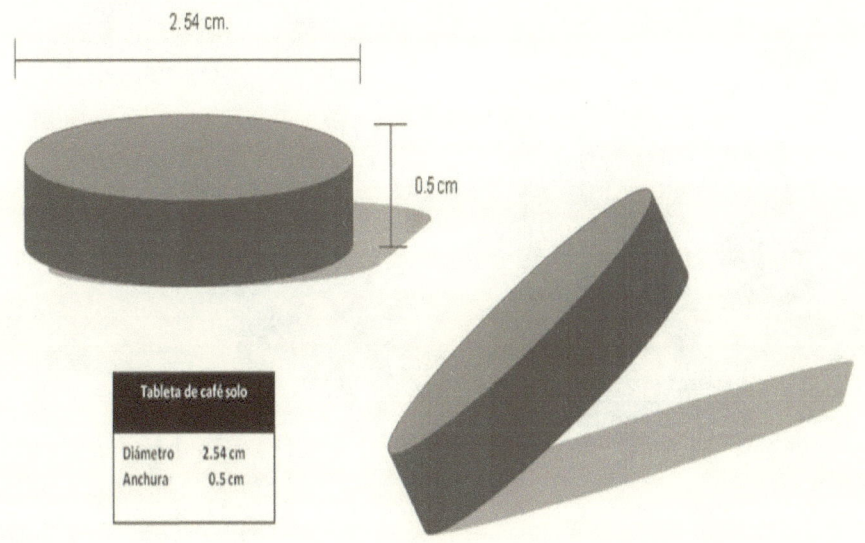

TABLETA SOLUBLE DE CAFÉ CON AZÚCAR Y CREMA EN POLVO

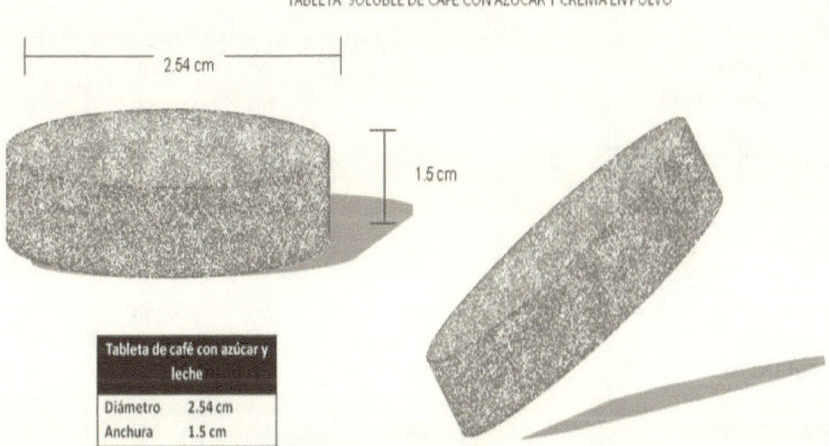

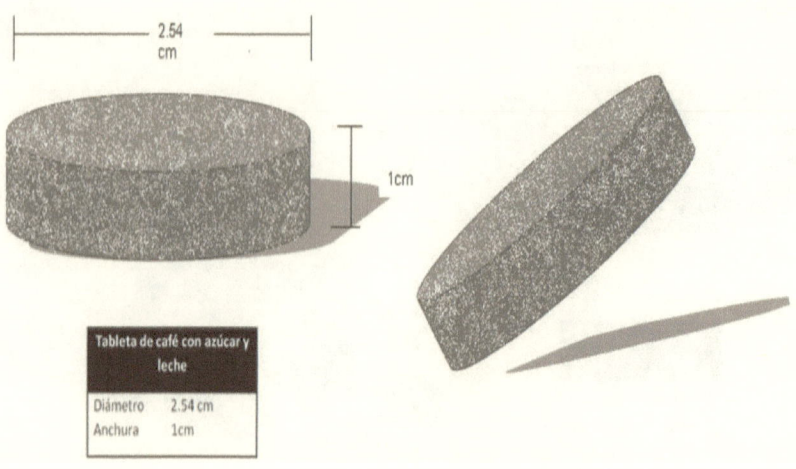

MACRO LOCALIZACION					
	PUNTOS	ACUMULADO	VERACRUZ	XALAPA	CARDEL
MERCADOS	10	9	9	9	9
MATERIAS PRIMAS	10	19	10	9	9
ASPECTOS FISCALES	5	24	5	5	5
COND. CLIMATOLOGICAS	5	29	5	5	4
AGUA	5	34	5	3	5
ENERGIA ELECT. Y COMB.	15	49	14	14	11
CONTROL AMBIENTAL	5	55	4	5	4
MEDIOS DE TRANSPORTE	5	60	5	5	4
MANO DE OBRA	10	70	10	10	10
DESARROLLO DEL LUGAR	10	80	9.5	9	8
FACTORES COMUNIDAD	10	90	9	9	8
COMUNICACIONES	5	95	5	5	5
OTROS ASPECTOS	5	100	5	5	4
TOTAL	100		95.5	93	86

Se elige la ciudad de Veracruz para instalar la planta, por ser la de mayor puntuación en el análisis efectuado.

3.3 Programa de calidad

El programa de calidad de los productos Cofy Up se basan en Normas Mexicanas y en las establecidas en ISO.

NMX-F-173-scfi-2000 Café puro tostado en grano o molido sin descafeinar o descafeinado. Especificaciones y métodos de prueba. Establece las especificaciones de calidad que debe presentar el café puro tostado en grano o molido. Sin descafeinar o descafeinado. (Independientemente del proceso de tueste por el cual fue obtenido).

NMX-F-013-scfi-2000 café puro tostado en grano molido sin descafeinado o descafeinado. Especificaciones y métodos de prueba. Establece las especificaciones de calidad que debe cumplir el café puro tostado en grano o molido, sin descafeinar o descafeinado (independientemente del proceso de tueste por el cual fue obtenido)

NMX-f-139-scfi-2004 café soluble puro sin descafeinar o descafeinado. Especificaciones y métodos de prueba. Establece las especificaciones de calidad que debe cumplir el café puro soluble, sin descafeinar o descafeinado (independiente de su procesos).

NOM-149-scfi-2001 café Veracruz. Especificados y métodos de prueba. Establece las características especificaciones y métodos de prueba que deben cumplir los usuarios autorizados para producir, beneficiar, industrializar y comercializar el café denominado "café Veracruz" que se produce dentro de la zona geográfica establecida en la declaración general de protección de la denominación de origen, "café Veracruz".

Es aplicable al café verde y café puro tostado en grano o molido logrado con los granos de *Coffea arabica*.

Se hará uso de hojas de verificación para evaluar la calidad de las tabletas de la producción.

Hoja de verificación			
Producto:		Día:	Hora:
Calidad	Satisfizó	No satisfizó	Subtotal
Sabor			
Color			
Aroma			
Textura			
Peso			
Otros:			
Los registros corresponden al mes de: _____ año _____			

3.4 Proyectos con participación y vinculación

Centros de investigación:

En la Unidad de Investigación y Desarrollo de Alimentos (UNIDA) del Instituto Tecnológico de Veracruz se utilizaron los equipos y herramientas necesarias para elaborar la investigación que sustenta el proyecto.

UNIDAD DE INVESTIGACIÓN y DESARROLLO DE ALIMENTOS

LABORATORIO DE GENÉTICA APLICADA EN LA UNIDA (lugar de liofilización)

3.5 Características de la vinculación entre las instituciones de educación superior y el sector productivo y/o servicios.

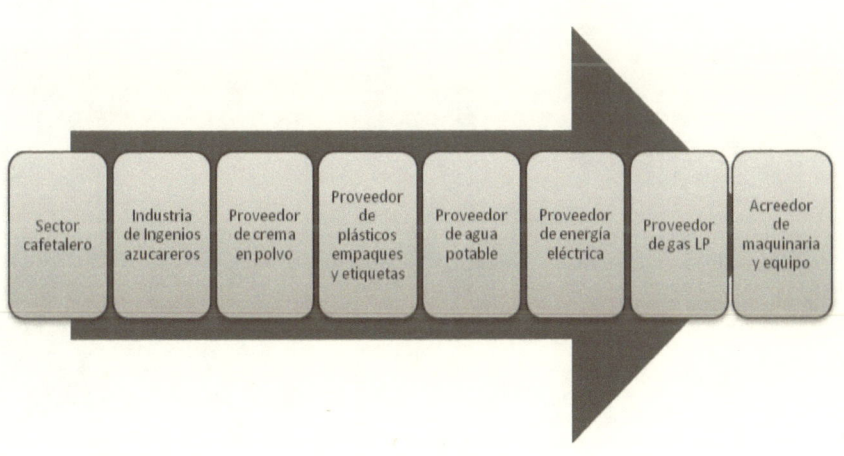

3.6 Distribución en planta y localización de las instalaciones de trabajo.

Distribución.

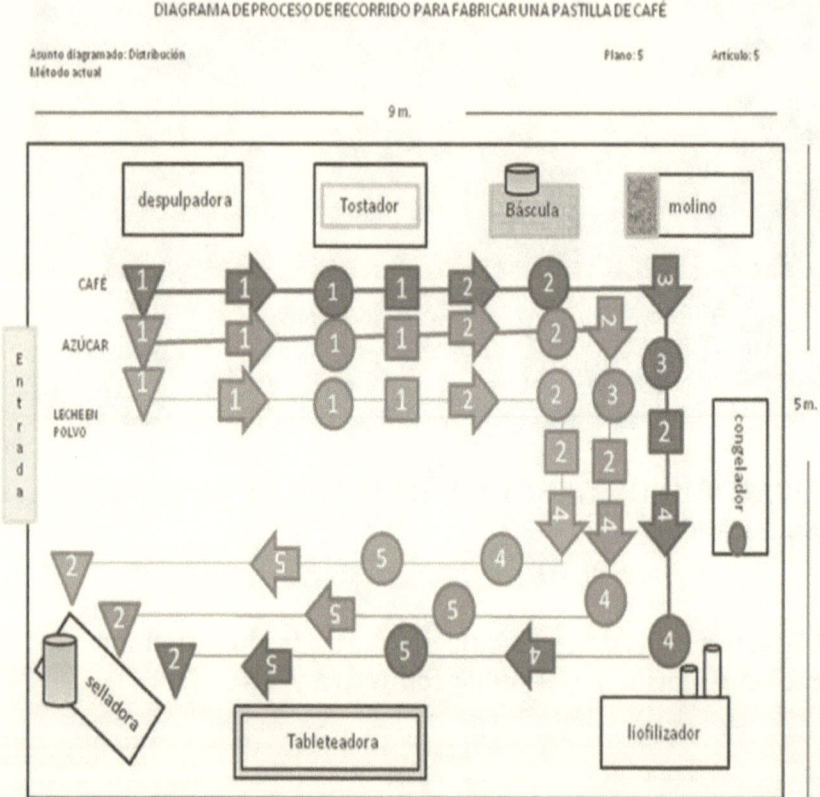

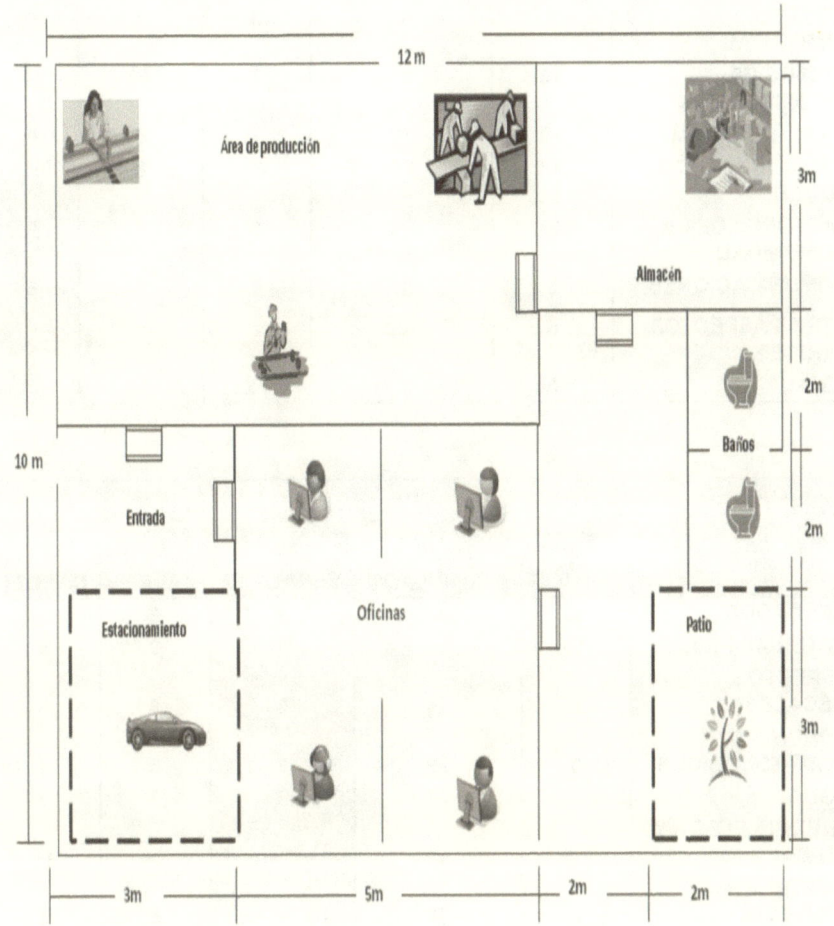

Localización de la planta.

MICRO LOCALIZACION					
	PUNTOS	ACUMULADO	ZONA NORTE	CENTRO	ZONA SUR
MERCADOS	10	10	6	9	9
MATERIAS PRIMAS	10	20	7	10	9
ASPECTOS FISCALES	5	25	5	5	5
CONDICIONES CLIMATOLÓGICAS	5	30	5	5	5
AGUA	5	35	3	2	5
ENERGÍA ELÉCTRICA Y COMBUSTIBLE	10	45	8	9	10

CONTROL AMBIENTAL	5	50	3	4	4
MEDIOS DE TRANSPORTE	10	60	7	10	10
MANO DE OBRA	10	70	7	8	9
DESARROLLO DEL LUGAR	10	80	7	8	10
FACTORES DE LA COMUNIDAD	10	90	5	7	9
COMUNICACIONES	5	95	5	5	5
OTROS ASPECTOS VARIOS	5	100	4	4	5
TOTAL	100		72	86	95

MACRO LOCALIZACION					
	PUNTOS	ACUMULADO	VERACRUZ	XALAPA	CARDEL
MERCADOS	10	9	9	9	9
MATERIAS PRIMAS	10	19	10	9	9
ASPECTOS FISCALES	5	24	5	5	5
COND. CLIMATOLOGICAS	5	29	5	5	4
AGUA	5	34	5	3	5
ENERGIA ELECT. Y COMB.	15	49	14	14	11
CONTROL AMBIENTAL	5	55	4	5	4
MEDIOS DE TRANSPORTE	5	60	5	5	4
MANO DE OBRA	10	70	10	10	10
DESARROLLO DEL LUGAR	10	80	9.5	9	8
FACTORES COMUNIDAD	10	90	9	9	8
COMUNICACIONES	5	95	5	5	5
OTROS ASPECTOS	5	100	5	5	4
TOTAL	100		95.5	93	86

En la macro-localización se elige a la ciudad de Veracruz, por ser la que tuvo la mayor puntuación entre las tres ciudades propuestas. En la decisión de la micro-localización se elige a la zona sur por ser la de mayor puntuación y corresponde a la ciudad industrial.

3.7 Sustentabilidad del proyecto

En la actualidad una empresa socialmente responsable es aquella que se enfocará en cuidar y proteger la comunidad. A mediano y largo plazo se espera contar con la certificación de las tabletas Cofy Up para ajustar la calidad del producto a una normatividad que haga competitivo el mercado en el que se está penetrando.

- Se contará con políticas para no desechar residuos de materiales en el drenaje, evitando contaminar el agua.
- Se utilizarán bolsas de plástico biodegradables de desintegración rápida.
- Se utilizarán focos de luz blanca que ahorran el consumo de energía eléctrica y que contribuyen a responsabilizarse por el calentamiento global.
- La papelería y materiales inorgánicos que ya no se utilicen, se reciclarán.
- Los procesos de producción se ajustarán a las normas que establece el programa de calidad antes descrito.

CAP IV

ASPECTOS ADMINISTRATIVOS

Dr. Perfecto Gabriel Trujillo Castro.
Dra. Sonia Báez Lagunes.
Dr. Oscar González Ríos.

4.1 Características Administrativas

4.1.1 Información general

- *Razón social:* Cofy Up S.A.
- *Fecha de constitución:* 30 de junio del 2012
- *Domicilio fiscal: Ubicación* calle 13 lote 55 de la ciudad industrial Bruno Pagliai, situada a 16 Km. del puerto de Veracruz.

4.1.2 Aspecto legal

La empresa Cofy Up, estará regida bajo determinación de las siguientes leyes:

- Ley Federal del Trabajo
- Ley del Seguro Social
- Código Fiscal de la Federación
- Ley del Impuesto Agregado
- Ley del Impuesto Sobre la Renta
- Ley del Impuesto Empresarial Tasa Única

4.1.3 Evaluación y principales logros del proyecto empresarial.

Durante el desarrollo de Cofy Up, el proyecto ha presentado tanto obstáculos como oportunidades que han ido estructurando la empresa como tal, las cuales han sido útiles para darle vida a la idea.

Entre las debilidades enfrentadas se encontraron la tecnología disponible y la capacidad técnica para la fabricación del producto. Se resolverá a través de créditos bancarios y capacitación técnica de la organización. Entre las fortalezas, se pueden mencionar el espíritu de equipo, la perseverancia y la preparación a través de la información y capacitación antes mencionada. Es importante resaltar el trabajo logrado en la Unidad de Investigación de Alimentos, ubicada en el Instituto Tecnológico de Veracruz. Posibles amenazas que la empresa enfrentará será la fuerte competencia y a sus productos ya posicionados en el mercado de marcas reconocidas a nivel internacional.

4.1.4 Estructura de la organización

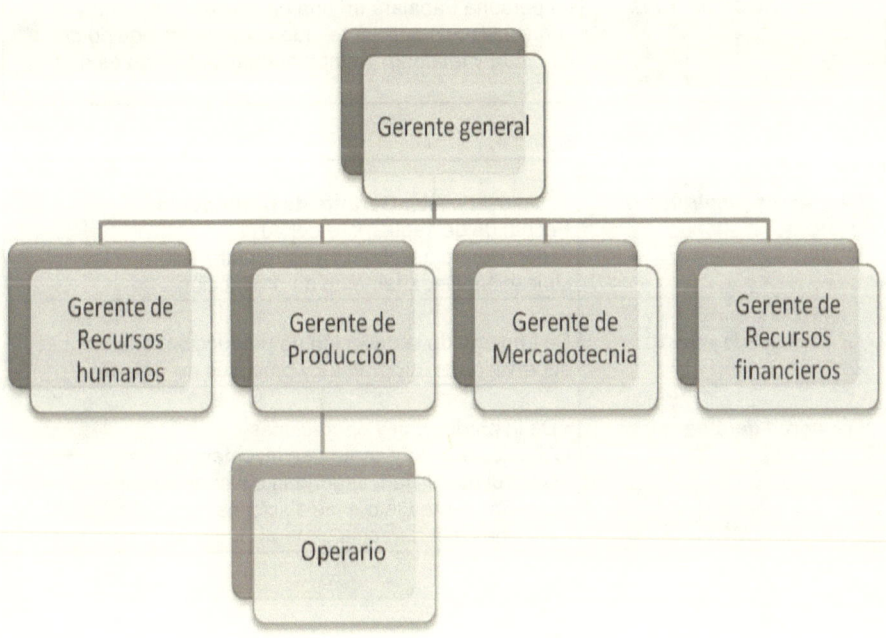

La empresa está organizada en tres niveles jerárquicos, el de mayor rango es la Gerencia General, en el siguiente nivel se encuentran los departamentos de Mercadotecnia, Recursos Financieros y Producción. El último Nivel jerárquico corresponde al puesto del Operario bajo supervisión del Departamento de Producción.

4.1.5 Descripciones de puestos:

1) Aspectos generales del puesto	Titulo del puesto: **Gerente general** Fecha: 05 de septiembre del 2011 Autor: Sonia Báez Lagunes Ubicación: Gerencia General
2) Resumen de puesto:	Se encarga de la dirección general de la empresa, así como de establecer la ejecución de las actividades, políticas, programas, planes y estrategias.
3) Deberes del puesto:	• Planeación, organización, integración, dirección y control • Elaboración de políticas, objetivos, reglas, planes estratégicos y programación. • Administración de recursos. • Comunicación con todos los departamentos.
4) Condiciones de trabajo:	La persona trabajará en una habitación iluminada y con ventilación suficiente, que contará con equipo de cómputo y teléfono. Tiempo normal de trabajo es de 8 horas.

1) Aspectos generales del puesto:	Titulo del puesto: **Gerente de producción** Fecha: 05 de septiembre del 2011 Autor: Perfecto Gabriel Trujillo Castro Ubicación: Departamento de producción
2) Resumen de puesto:	Se encarga de la dirección de producción, operaciones, supervisión en programas y procesos de Cofy Up.
3) Deberes del puesto:	• De la producción y operaciones • Abastecimiento y control de inventarios • Control de calidad, seguridad e inspecciones. • Diseño de producto e instalaciones • Informes a la gerencia general.

4) Condiciones de trabajo:	La persona trabajará en un área iluminada, salubre y segura, con espacio y ventilación suficiente, que contará con equipo de cómputo y teléfono. Tiempo normal de trabajo es de 8 horas.
1) Aspectos generales del puesto:	Titulo del puesto: **Operario** Fecha: 05 de septiembre del 2011 Autor: Oscar Gonzales Ríos Ubicación: Departamento de producción Supervisor: Gerente de Producción
2) Resumen de puesto:	Se encarga de la elaboración de la producción de Cofy Up
3) Deberes del puesto:	• Medir cantidad de ingredientes necesarios para las tabletas Cofy Up. • Manejo de máquina comprimidora, molino y despergaminadora. • Empaquetado de producto.
4) Condiciones de trabajo:	La persona trabajará en un área iluminada, salubre y segura y ventilación suficiente, que contará con maquinaria. Tiempo normal de trabajo es de 8 horas.

1) Aspectos generales del puesto	Titulo del puesto: **Gerente de mercadotecnia** Fecha: 05 de septiembre del 2011 Autor: Sonia Baez Lagunes Ubicación: Departamento de mercadotecnia
2) Resumen de puesto:	Se encarga de la mezcla de mercadotecnia, ventas, compras e investigación de mercado.
3) Deberes del puesto:	• Planear y desarrollar la mezcla de productos Cofy Up • Estimaciones de precios de venta. • Publicidad y promoción de Cofy Up • Distribución del producto • Investigación y estudio de mercados.
4) Condiciones de trabajo:	La persona trabajará en una habitación iluminada y con ventilación suficiente, que contará con equipo de cómputo y teléfono. Tiempo normal de trabajo es de 8 horas.

1) Aspectos generales del puesto	Titulo del puesto: **Gerente de recursos financieros** Fecha: 21 de junio del 2009 Autor: Perfecto Gabriel Trujillo Castro Ubicación: Departamento de recursos financieros
2) Resumen de puesto:	Se encarga del suministro de capital y administración financiera, contable y económica de la empresa.
3) Deberes del puesto:	• Planeación y obtención de recursos financieros. • Contabilidad y presupuestos • Pagos de impuestos y créditos por financiamiento. • Elaboración de estados financieros.
4) Condiciones de trabajo:	La persona trabajará en una habitación iluminada y con ventilación suficiente, que contará con equipo de cómputo y teléfono. Tiempo normal de trabajo es de 8 horas.

Aspectos generales del puesto	Titulo del puesto: **Gerente de recursos Humanos** Fecha: 21 de junio del 2009 Autor: Oscar González Ríos Ubicación: Departamento de recursos humanos
Resumen de puesto:	Se encarga de la elaboración de nóminas, control de ausentismo y evaluación del desempeño.
Deberes del puesto:	Manejo de nóminas de los empleados Evaluar el desempeño del empleado Manejo de selección de personal y contratación. Programas de capacitación
Condiciones de trabajo:	La persona trabajará en una habitación iluminada y con ventilación suficiente, que contará con equipo de cómputo y teléfono. Tiempo normal de trabajo es de 8 horas.

4.1.6 Plantilla laboral

Presupuesto mensual de sueldos y salarios

Puestos	Empleados	Sueldo y salario diario	Sueldo y salario mensual
Gerente general	1	$ 100.00	$ 3,000.00
Gerente RF	1	$ 100.00	$ 3,000.00
Gerente Producción	1	$ 100.00	$ 3,000.00
Gerente Mkt	1	$ 100.00	$ 3,000.00
Operario	3	$ 62.00	$5,580.00
TOTAL	7		$17,580.00

CAP V

ESTUDIO FINANCIERO Y ECONÓMICO

Dr. Perfecto Gabriel Trujillo Castro.
C.P. Marina Cecilia Pérez Castillo.
M.A. Guadalupe Guevara Lobato.
C. Abril Eugenia Ortega Lima.

5.1 Estados Proforma del proyecto.

MATERIALES (INSUMOS) UTILIZADOS PARA CADA PAQUETE DE CAFÉ				
Articulo	Precio unitario	Unidad	Cantidad utilizada por cada paquete	Total
Café	$ 33.00	Kg.	0.06	$ 1.98
Leche en polvo	$ 16.00	Kg.	0.05	$ 0.80
Azúcar	$ 10.00	Kg.	0.03	$ 0.30
Agua	$ 1.00	L	1	$ 1.00
Empaque de plástico	$ 1.64	Pza.	1	$ 1.6388
Empaque	$ 2.50	Pza.	1	$ 2.50
Etiquetas de plástico adheribles	$ 0.90	Pza.	1	$ 0.90

5.2 Estimación de ventas.

PROGRAMA DE PRODUCCION Y VENTAS MENSUALES DE TABLETAS			
Producto	Café puro	Café con azúcar	Café con azúcar y crema en polvo
Paquetes	5200	7280	8320
Precio	$ 18	$ 19	$ 21
Ventas/mes	$ 93 600	$ 138 320	$ 174 720
Ventas/año (paquetes)	62,400	87,360	99,840

TOTAL DE MATERIA PRIMA DE LAS TABLETAS			
Año	2012	2013	2014
Café	$ 569,013.12	$ 586,083.51	$ 603,666.02
Café con azúcar	$ 797,404.61	$ 821,326.75	$ 845,966.55
Café con azúcar y crema en polvo	$ 915,313.15	$ 942,772.55	$ 971,055.72
Total	$ 2,281,730.88	$ 2,350,182.81	$ 2,420,688.29

TOTAL DE MATERIA PRIMA DE LAS TABLETAS			
Año	2015	2016	2017
Café	$ 621,776.00	$ 640,429.28	$ 659,642.16
Café con azúcar	$ 871,345.55	$ 897,485.91	$ 924,410.49
Café con azúcar y crema en polvo	$ 1,000,187.39	$1,030,193.02	$ 1,061,098.81
Total	$ 2.493,308.94	$ 2,568,108.21	$ 2,645,151.45

ACTIVOS FIJOS PARA INICIO DE OPERACIONES	
CONCEPTO	
MAQ. Y EQUIPO	$300,900.00
EQ. DE COMPUTO Y MOBILIARIO	$10,900.00
EQUIPO DE TRANSPORTE	$25,000.00
TOTAL	$336,800.00

ACTIVOS DIFERIDOS	
CONSTITUCION DE LA SOCIEDAD	$8,000.00
PROMOCION Y PUBLICIDAD	$5,000.00
REGISTRO DE LA MARCA	$5,000.00
TOTAL	$18,000.00

MANO DE OBRA DIRECTA				
PROYECCIÓN ANUAL	2012	2013	2014	2015
SALARIOS	66,960.00	66,960.00	66,960.00	66,960.00
AGUINALDO	2,790.00	2,790.00	2,790.00	2,790.00
PRIMA VACACIONAL	46.50	46.50	46.50	46.50
INFONAVIT	3,348.00	3,348.00	3,348.00	3,348.00
IMSS	16,286.40	16,286.40	16,286.40	16,286.40
RCV	4,201.20	4,201.20	4,201.20	4,201.20
SUMA	93,632.10	93,632.10	93,632.10	93,632.10

MANO DE OBRA DIRECTA		
PROYECCIÓN ANUAL	2016	2017
SALARIOS	66,960.00	66,960.00
AGUINALDO	2,790.00	2,790.00
PRIMA VACACIONAL	46.50	46.50
INFONAVIT	3,348.00	3,348.00
IMSS	16,286.40	16,286.40
RCV	4,201.20	4,201.20
SUMA	93,632.10	93,632.10

SUELDOS DE ADMINISTRACIÓN				
PROYECCIÓN ANUAL	2012	2013	2014	2015
SALARIOS	144,000.00	144,000.00	144,000.00	144,000.00
AGUINALDO	1,500.00	1,500.00	1,500.00	1,500.00
PRIMA VACACIONAL	25.00	25.00	25.00	25.00
INFONAVIT	1,800.00	1,800.00	1,800.00	1,800.00
IMSS	6,289.20	6,289.20	6,289.20	6,289.20
RCV	2,257.20	2,257.20	2,257.20	2,257.20
SUMA	$ 155,871.40	$ 155,871.40	$ 155,871.40	$ 155,871.40

SUELDOS DE ADMINISTRACIÓN		
PROYECCIÓN ANUAL	2016	2017
SALARIOS	144,000.00	144,000.00
AGUINALDO	1,500.00	1,500.00
PRIMA VACACIONAL	25.00	25.00
INFONAVIT	1,800.00	1,800.00
IMSS	6,289.20	6,289.20
RCV	2,257.20	2,257.20
SUMA	$ 155,871.40	$ 155,871.40

5.3 Presupuesto de ventas.

PROGRAMA DE VENTAS ANUALES DE TABLETAS			
Periodo	2012	2013	2014
Café Puro	$ 1,123,200.00	$ 1,156,896.00	$ 1,191,602.88
Café con azúcar	$ 1,659,840.00	$ 1,709,635.20	$ 1,760,924.26
Café con azúcar y crema en polvo	$ 2,096,640.00	$ 2,159,539.20	$ 2,224,325.38
Total	$ 4,879,680.00	$ 5,026,070.40	$ 5,176,852.52

PROGRAMA DE VENTAS ANUALES DE TABLETAS			
Periodo	2015	2016	2017
Café Puro	$ 1,227,350.97	$ 1,264,171.50	$1,302,096.64
Café con azúcar	$ 1,813,751.98	$ 1,868,164.54	$ 1,924,209.48
Café con azúcar y crema en polvo	$ 2,291,055.14	$ 2,359,786.79	$ 2,430,580.40
Total	$ 5,332,158.09	$ 5,492,122.83	$ 5,656,886.52

5.4 Presupuesto de costos y gastos

COSTOS FIJOS ANUALES				
PERIODO		2012	2013	2014
ENERGIA ELECTRICA	$2,619,136.00	$31,429.63	$31,429.63	$31,429.63
AGUA	$150,000.00	$1,800.00	$1,800.00	$1,800.00
GAS L.P.	$450,000.00	$5,400.00	$5,400.00	$5,400.00
SUELDOS Y SALARIOS		$210,960.00	$210,960.00	$210,960.00
AGUINALDOS		$4,290.00	$4,290.00	$4,290.00
PRIMA VACACIONAL		$72.00	$72.00	$72.00

CUOTAS IMSS		$22,576.00	$22,576.00	$22,576.00
INFONAVIT		$5,148.00	$5,148.00	$5,148.00
RCV		$6,458.00	$6,458.00	$6,458.00
INTERNET		$3,348.00	$3,348.00	$3,348.00
TELEFONO		$2,640.00	$2,640.00	$2,640.00
SUMA		$294,121.63	$294,121.63	$294,121.63

COSTOS FIJOS ANUALES

PERIODO		2015	2016	2017
ENERGIA ELECTRICA	$2.619,136.00	$31,429.63	$31,429.63	$31,429.63
AGUA	$150,000.00	$1,800.00	$1,800.00	$1,800.00
GAS L.P.	$450,000.00	$5,400.00	$5,400.00	$5,400.00
SUELDOS Y SALARIOS		$210,960.00	$210,960.00	$210,960.00
AGUINALDOS		$4,290.00	$4,290.00	$4,290.00
PRIMA VACACIONAL		$72.00	$72.00	$72.00
CUOTAS IMSS		$22,576.00	$22,576.00	$22,576.00
INFONAVIT		$5,148.00	$5,148.00	$5,148.00
RCV		$6,458.00	$6,458.00	$6,458.00
INTERNET		$3,348.00	$3,348.00	$3,348.00
TELEFONO		$2,640.00	$2,640.00	$2,640.00
SUMA		$294,121.63	$294,121.63	$294.121.63

GASTOS VARIABLES DE FABRICACION

CONCEPTO	COSTO MENSUAL	COSTO ANUAL
Combustible	$300.00	$3,600.00
Mantenimiento	$200.00	$2.400.00
TOTAL	**$500.00**	**$6.000.00**

PROYECCIONES DE GASTOS DE FABRICACION

CONCEPTO	2012	2013	2014
GASTOS FIJOS	$294,121.63	$294,121.63	$294,121.63
GASTOS VARIABLES	$6,000.00	$6,000.00	$6,000.00
COSTO TOTAL	$300,121.63	$300,121.63	$300,121.63

PROYECCIONES DE GASTOS DE FABRICACION

CONCEPTO	2015	2016	2017
GASTOS FIJOS (G. FABR.)	$294,121.63	$294,121.63	$294,121.63
GASTOS VARIABLES	$6,000.00	$6,000.00	$6,000.00
COSTO TOTAL	$300,121.63	$300,121.63	$300,121.63

ESTADO DE COSTOS ANUAL			
Periodo	2012	2013	2014
Materia prima	$2,281,730.88	$2,350,182.81	$2,420,688.29
Mano de obra directa	$ 93,632.10	$ 93,632.10	$ 93,632.10
Costo primo	$2,375,374.98	$2,443,814.91	$2,514,320.39
Costo de fabricación	$ 300,121.63	$300,121.63	$300,121.63
Costo de lo vendido	$2,675,496.61	$ 2,743,936.54	$ 2,814,442.02

ESTADO DE COSTOS ANUAL			
Periodo	2015	2016	2017
Materia prima	$2,493,308.94	$2,568,108.21	$2,645,151.46
Mano de obra directa	$ 93,632.10	$ 93,632.10	$ 93,632.10
Costo primo	$2,586,941.04	$2,661,740.31	$2,514,320.39
Costo de fabricación	$300,121.63	$300,121.63	$300,121.63
Costo de lo vendido	$2,887,062.67	$ 2,961,861.94	$ 3,038,905.19

5.5 Capital de Trabajo.

Concepto	2012
Gastos de fabricación	$ 294,121.13
Materia Prima	$ 2,281,730.88
Mano de Obra Directa	$ 93,632.10
Gastos de administración	$ 155,871.40
TOTAL	$ 2,825,355.51

Ventas del primer año	$ 4,879,680.00
Capital de trabajo	$ 2,825,355.51
Ventas menos capital	$ 2,054,324.49

5.6 Estado de resultados

ESTADO DE RESULTADOS

	2012	2013	2014
VENTAS	4,879,680.00	5,026,070.40	5,176,852.51
COMPRAS	1,023,984.00	1,054,703.52	1,086,344.63
RESTA	3,855,696.00	3,971,366.88	4,090,507.88
COSTO DE PRODUCCION			
COSTO DE VENTAS	2,675,496.61	2,743,936.54	2,814,442.02
DEPRECIACIONES	39,065.00	39,065.00	39,065.00
SUMA	2,714,561.61	2,783,001.54	2,853,507.02
UTILIDAD BRUTA	1,141,134.39	1,188,365.34	1,237,000.86
GASTOS DE OPERACIÓN			
AMORTIZACIONES	54.17	54.17	54.17
GASTOS DE ADMON	155,871.40	155,871.40	155,871.40
GASTOS DE VENTA	30,000.00	30,000.00	30.000,00
GASTOS DE FABRICACION	300,121.13	300,121.13	300,121.13
SUMA	486,046.70	486,046.70	486,046.70
RESULTADO DE OPERACIÓN	655,087.69	702,318.64	750,954.16
COSTO FINANCIERO INTEGRAL			
ABONO E INTERESES CREDITOS BANCARIO	274,284.50	274,284.50	274,284.50
GASTOS Y PROD FINANCIEROS	0.00	0.00	0.00
SUMA	274,284.50	274,284.50	274,284.50
RESULTADOS ANTES DE IMPUESTOS	380,803.19	428,034.14	476,669.66
RESULTADO GRAVABLE			
PARTICIPACION UTIL. TRABAJADORES 10%	0.00	42,803.41	47,666.96
IMPUESTOS (ISR, 30%)	0.00	128,410.24	143,000.89
SUMA	0.00	171,213.65	190,667.85
RESULTADO NETO	**380,803.19**	**256,820.48**	**286,001.80**

ESTADO DE RESULTADOS

	2015	2016
VENTAS	5,332,158.09	5,492,122.83
COMPRAS	1,118,934.96	1,152,503.01
RESTA	4,213,223.13	4,339,619.82
COSTO DE PRODUCCION		
COSTO DE VENTAS	2,887,062.67	2,961,861.94
DEPRECIACIONES	39,065.00	39,065.00
SUMA	2,926,127.67	3,000,926.94
UTILIDAD BRUTA	1,287,095.46	1,338,692.88
GASTOS DE OPERACIÓN		
AMORTIZACIONES	54.17	54,17
GASTOS DE ADMON	155,871.40	155,871.40
GASTOS DE VENTA	30,000.00	30,000.00
GASTOS DE FABRICACION	300,121.13	300,121.13
SUMA	486,046.70	486,046.70
RESULTADO DE OPERACIÓN	801,048.76	852,646.18
COSTO FINANCIERO INTEGRAL		
ABONO E INTERESES CREDITOS BANCARIO	274,284.50	274,284.50
GASTOS Y PROD FINANCIEROS	0.00	
SUMA	274,284.50	274,284.50
RESULTADOS ANTES DE IMPUESTOS	526,764.26	578,361.68
RESULTADO GRAVABLE		
PARTICIPACION UTIL. TRABAJADORES 10%	52,676.42	57,836.16
IMPUESTOS (ISR, 30%)	158,029.27	173,508.50
SUMA	210,705.69	231,344.66
RESULTADO NETO	**316,058.57**	**347,017.02**

5.7 Balance general

BALANCE GENERAL			
PERIODO	2012	2013	2014
ACTIVO			
ACTIVO CIRCULANTE			
Caja	211,932.65	38,821.22	10,401.74
Bancos	500,000.00	200,000.00	30,000.00
Inventario	1,023,984.00	1,054,704.00	1,086,345.00
TOTAL DE ACTIVO CCCIRCCIRCULANTE	1,735,916.60	1,293,524.74	1,126,746.37
ACTIVO FIJO			
Maquinaria	$300,900.00	300,900.00	300,900.00
Depreciación de maquinaria	$2,507.50	$2,507.50	$2,507,50
Equipo de computo	$10,900.00	$10,900.00	$10,900.00
Depreciación de equipo de computo	$227.08	$227.08	$227.08
Equipo de transporte	$25.000,00	$25.000,00	$25.000,00
Depreciación de transporte	$520.83	$520.83	$520.83
TOTAL DE ACTIVO FIJO	$333,544.58	$333,544.58	$333,544.58
ACTIVO DIFERIDO	$18,000.00	$18,000.00	$18,000.00
Amortización de activo diferido	$54.17	$54.17	$54.17
TOTAL DE ACTIVO DIFERIDO	$17,945.83	$17,945.83	$17,945.83
TOTAL DE ACTIVOS	2,087,407.01	1,645,015.16	1,478,236.78
PASIVO			
PASIVO A CORTO PLAZO	274,284.50	147,095.41	-
PASIVO A LARGO PLAZO	274,284.50	274,284.50	274,284.50
TOTAL PASIVO	548,569.00	421,379.91	274,284.50
CAPITAL CONTABLE			
Capital Social	1,158,034.38	966,814.77	917,950.48
Utilidad del ejercicio	380,803.63	256,820.48	286,001.8
Suma del Capital Contable	1,538,837.57	1,223,635.25	1,203,952.28
Suma de pasivo más capital	$2,087,407.01	$1,645,015.16	$ 1,478,236.78

BALANCE GENERAL		
PERIODO	2015	2016
ACTIVO		
ACTIVO CIRCULANTE		
Caja	7,537.94	3,088.24
Bancos	30,000.00	78,219.87
Inventario	1,118,935.00	1,152,503.00
TOTAL DE ACTIVO CIRCULANTE	1,156,472.94	1,233,811.11
ACTIVO FIJO		
Maquinaria	300,900.00	300,900.00
Depreciación de maquinaria	$2,507.50	$2,507.50
Equipo de computo	$10,900.00	$10,900.00
Depreciación de equipo de computo	$227.08	$227.08
Equipo de transporte	$25,000.00	$25,000.00
Depreciación de transporte	$520.83	$520.83
TOTAL DE ACTIVO FIJO	$333,544.58	$333,544.58
ACTIVO DIFERIDO	$18,000.00	$18,000.00
Amortización de activo diferido	$54.17	$54.17
TOTAL DE ACTIVO DIFERIDO	$17,945.83	$17,945.83
TOTAL DE ACTIVOS	1,507,963.35	1,517,081.65
PASIVO		
PASIVO A CORTO PLAZO	-	-
PASIVO A LARGO PLAZO	274,284.50	274,284.50
TOTAL PASIVO	274,284.50	274,284.50
CAPITAL CONTABLE		
Capital Social	917,620.28	970,000.00
Utilidad del ejercicio	316,058.57	341,017.02
Suma del Capital Contable	1,233,678.85	1,311,017.02
Suma de pasivo mas capital	$1,507,963.35	1,585,301.52

5.8 Flujo de efectivo

5.8 FLUJO DE EFECTIVO			
AÑO	0	1	2
GASTOS:			
COSTO DE LO VENDIDO		$ 2,675,496.61	$ 2,743,936.54
GASTOS DE VENTA		30,000.00	30,000.00
GTOS. DE ADMON.		249,503.50	249,503.50
PAGO DE IMPTOS.		0.00	128,410.24
INVER. INIC. (-)	2,868,034.38		
APORTACION (-)	1,158,034.38		
SUMA		2,955,000.11	3,151,850.28
INGRESOS			
VENTAS		4,879,680.00	5,026,070.40
DEPRECIACION Y AMOR.		39,119.17	39,119.17
SUMA		4,918,799.17	5,065,189.57
TOTAL	4,026,068.76	1,963,799.06	1,913,339.29

	FLUJO DE EFECTIVO		
AÑO	3	4	5
GASTOS			
COSTO DE LO VENDIDO	$ 2,814,444.02	$ 2,887,062.67	$ 2,961,861.94
GASTOS DE VENTA	30,000.00	30,000.00	30,000.00
GTOS. DE ADMON.	249,503.50	249,503.50	249,503.50
PAGO DE IMPTOS.	143,000.89	158,029.27	173,508.50
INVER. INIC. (-)			
APORTACION (-)			
SUMA	3,236,948.41	3,324,595.44	3,414,873.94
INGRESOS			
VENTAS	5,176,852.51	5,332,158.09	5,492,122.83
DEPRECIACION Y AMOR.	39,119.17	39,119.17	39,119.17
SUMA	5,215,971.68	5,371277.26	5,531,242.00
TOTAL	1,979,023.27	2,046,681.82	2,116,368.06

5.8 Tasa interna de retorno y valor presente neto.

PERIODO	FLUJOS	VPN	TIR
0	-$ 4,026,068.76	-$ 4,026,069.00	4,026,068.76
1	$ 1,963,799.06	1,722,630.75	1,402,713.61
2	$ 1,913,339.29	1,472,252.45	976,193.51
3	$ 1,979,023.67	1,335,824.27	721,218.40
4	$ 2,046,681.82	1,211,771.35	532,768.07
5	$ 2,116,368.06	1,099,183.57	393,508.61

TASA	
INFLACION	0.04
RIESGO	0.03
TREMA	14%
TIR	40%

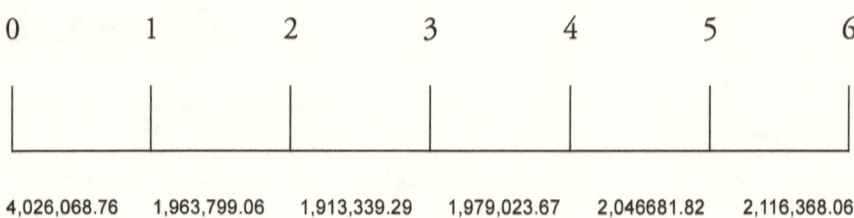

0	1	2	3	4	5	6
4,026,068.76	1,963,799.06	1,913,339.29	1,979,023.67	2,046681.82	2,116,368.06	

VPN= -4,026,068.76 + 6,841,662.39 = **2,815,593.63** El proyecto es aceptable

5.9 Principales Razones financieras (2012).

LIQUIDEZ

1. Disponibilidad

Caja y banco	711,932.65	=	2.5955
Pasivo Circulante	274,284.5		

2. Solvencia.

Activo Circulante	1,735,916.65	=	6.3288
Pasivo Circulante	274,284.50		

3. Liquidez inmediata.

Activo circulante - inventario)	711,932.65	=	2.59
	274,284.50		

4. Posicion defensiva

(Act. Circ. - Inventario)* 360	(1,735,916.65-1,023,984.00) 360	=	95.79
Costo total	2,675,496.11		

5. Margen de seguridad

Capital de trabajo	2,825,355.51	=	10.30
Pasivo Circulante	274,284.50		

ENDEUDAMIENTO

6. Endeudamiento

Pasivo total	548,568.99	=	0.262
Activo total	2,087,407.01		

7. Cobertura financiera

Util. Antes de imp.	380,803.19	=	1.388
Intereses	274,284.50		

8. Deuda a corto plazo

Pasivo a corto Plazo	274,284.50	=	0.50
Pasivo total	548,568.99		

9. Deuda a largo plazo
1- deuda a corto plazo

1 -0.5 = 0.5

RENTABILIDAD

10. Utilidad por acción

Utilidad Neta	380,803.19	=	12693.43
Núm. de acciones	30		

11. Margen neto de utilidad

Utilidad neta	380,803.19	=	0.0780
Ventas	4,879,680.00		

12. Inversión total.

Utilidad de Operación	655,087.69	=	0.313
Activos totales	2,087,407.01		

5.10 Punto de Equilibrio.

PUNTO DE EQUILIBRIO DE CAFÉ PURO		
CONCEPTO	2012	2013
UNIDADES PRODUCIDAS	6427.00	66,200.16
VENTAS ANUALES	1,156,896.00	1,191,602.88
COSTOS VARIABLES:		
MATERIAS PRIMAS	586,083.51	603,66.02
GASTOS VARIABLES PARA PROD.	6,000.00	6,000.00
SUMA	592,083.51	609,666.02
COSTOS FIJOS:		
DEPRECIACIONES Y AMORTIZACIONES	39,065.00	39,065.00
GASTOS DE FABRICACIÓN	294,121.13	294,121.13
GASTOS FINANCIEROS	274,284.50	274,284.50
SUMA	607,470.63	607.470,63
PRECIO DE VENTA UNITARIO	18.00	18.00
COSTO VARIABLE UNITARIO	9.2122	9.2094
PUNTO DE EQUILIBRIO UNIDADES	69,126.22	69,104.84
PESOS	1,244,271.96	1,243,887.09

PUNTO DE EQUILIBRIO DE CAFÉ PURO		
CONCEPTO	2014	2015
UNIDADES PRODUCIDAS	68,186.16	70,231,75
VENTAS ANUALES	1,227,350.97	1,264,171.50
COSTOS VARIABLES:		
MATERIAS PRIMAS	621,776.00	640,429.28
GASTOS VARIABLES PARA PROD.	6,000.00	6,000.00
SUMA	627,776.00	646,429.28
COSTOS FIJOS:		
DEPRECIACIONES Y AMORTIZACIONES	39,065.00	39,065.00
GASTOS DE FABRICACIÓN	294,121.13	294,121.13
GASTOS FINANCIEROS	274,284.50	274,284.50
SUMA	607,470.63	607,470.63
PRECIO DE VENTA UNITARIO	18.00	18.00
COSTO VARIABLE UNITARIO	9.2068	9.2042
PUNTO DE EQUILIBRIO UNIDADES	69.084.09	69,063.96
PESOS	1,243,513.66	1,243,151.32

PUNTO DE EQUILIBRIO DEL AÑO 2012 DE LA TABLETA DE CAFÉ

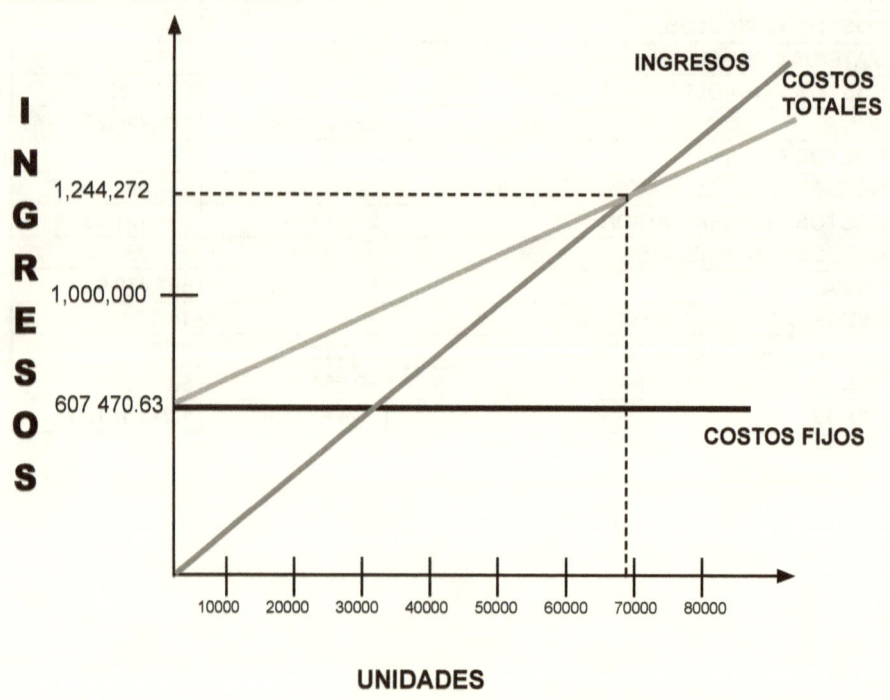

PUNTO DE EQUILIBRIO DE CAFÉ CON AZUCAR		
CONCEPTO	2012	2013
UNIDADES PRODUCIDAS	89,980.80	92,680.22
VENTAS ANUALES	1,709,635.20	1,760,924.26
COSTOS VARIABLES:		
MATERIAS PRIMAS	821,326.75	845,966.55
GASTOS VARIABLES PARA PROD.	6,000.00	6,000,.00
SUMA	827,326.75	851,966.55
COSTOS FIJOS:		
DEPRECIACIONES Y AMORTIZACIONES	39,065.00	39,065.00
GASTOS DE FABRICACIÓN	294,121.13	294,121.13
GASTOS FINANCIEROS	274,284.50	274,284.50
SUMA	607,470.63	607,470.63
PRECIO DE VENTA UNITARIO	19.00	19.00
COSTO VARIABLE UNITARIO	9.1945	9.1925
PUNTO DE EQUILIBRIO UNIDADES	61,951.91	61,939.64
PESOS	1,177,086.27	1,176,853.18

PUNTO DE EQUILIBRIO DE CAFÉ CON AZUCAR		
CONCEPTO	2014	2015
UNIDADES PRODUCIDAS	95460.63	98324.45
VENTAS ANUALES	1,813,751.98	1,868,164.54
COSTOS VARIABLES:		
MATERIAS PRIMAS	871,345.55	897,485.91
GASTOS VARIABLES PARA PROD.	6,000.00	6,000.00
SUMA	877,345.55	903,485.91
COSTOS FIJOS:		
DEPRECIACIONES Y AMORTIZACIONES	39,065.00	39,065.00
GASTOS DE FABRICACIÓN	294,121.13	294,121.13
GASTOS FINANCIEROS	274,284.50	274,284.50
SUMA	607,470.63	607,470.63
PRECIO DE VENTA UNITARIO	19.00	19.00
COSTO VARIABLE UNITARIO	9.1907	9.1888
PUNTO DE EQUILIBRIO UNIDADES	61,927.73	61,916.18
PESOS	1,176,626.96	1,176,407.41

PUNTO DE EQUILIBRIO DEL AÑO 2012 DE LA TABLETA DE CAFÉ CON AZÚCAR

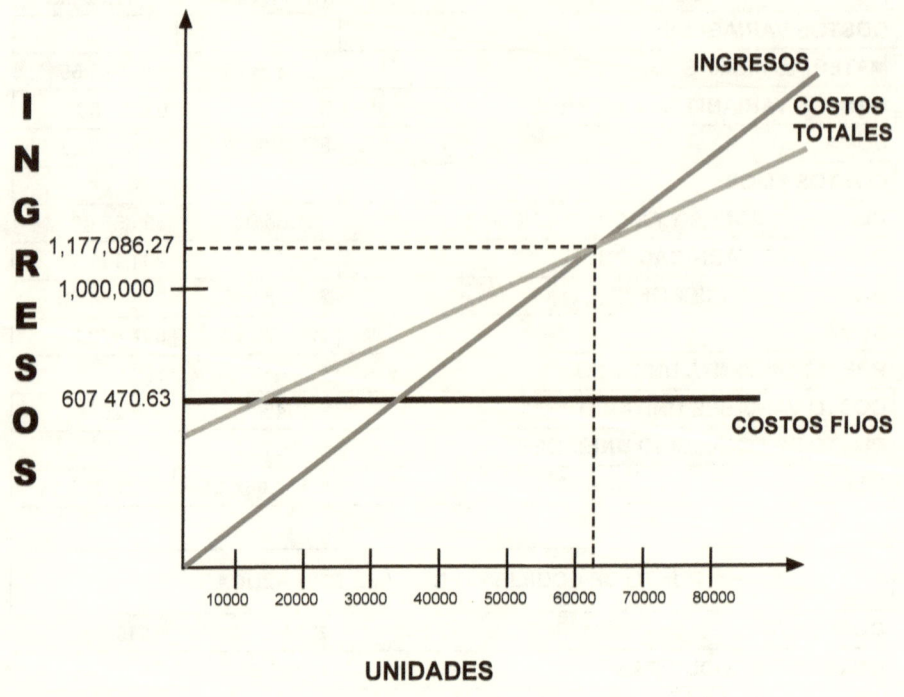

PUNTO DE EQUILIBRIO DE CAFÉ CON AZUCAR Y CREMA EN POLVO				
CONCEPTO	2012	2013	2014	2015
UNIDADES PRODUCIDAS	102,835.20	105,920.26	109,097.86	112,370.80
VENTAS ANUALES	**2,159,539.20**	**2,224,325.38**	**2,291,055.14**	**2,359,786.79**
COSTOS VARIABLES:				
MATERIAS PRIMAS	942,772.55	971,055.72	1,000,187.39	1,030,193.02
GASTOS VARIABLES PARA PROD.	6,000.00	6,000.00	6,000.00	6,000.00
SUMA	**948,772.55**	**977,055.72**	**1,006,187.39**	**1,036,193.02**
COSTOS FIJOS:				
DEPRECIACIONES Y AMORTIZACIONES	39,065.00	39,065.00	39,065.00	39,065.00
GASTOS DE FABRICACIÓN	294,121.13	294,121.13	294,121.13	294,121.13
GASTOS FINANCIEROS	274,284.50	274,284.50	274,284.50	274,284.50
SUMA	**607,470.63**	**607,470.63**	**607,470.63**	**607,470.63**
PRECIO DE VENTA UNITARIO	21.00	21.00	21.00	21.00
COSTO VARIABLE UNITARIO	9.2261	9.2244	9.2228	9.2212
PUNTO DE EQUILIBRIO UNIDADES	51,594.88	51,587.44	51,580.21	51,573.20
PESOS	1,083,492.54	1,083,336.17	1,083,184.41	1,083,037.10

PUNTO DE EQUILIBRIO DEL AÑO 2012 DE LA TABLETA DE CAFÉ CON AZÚCAR Y CREMA EN POLVO

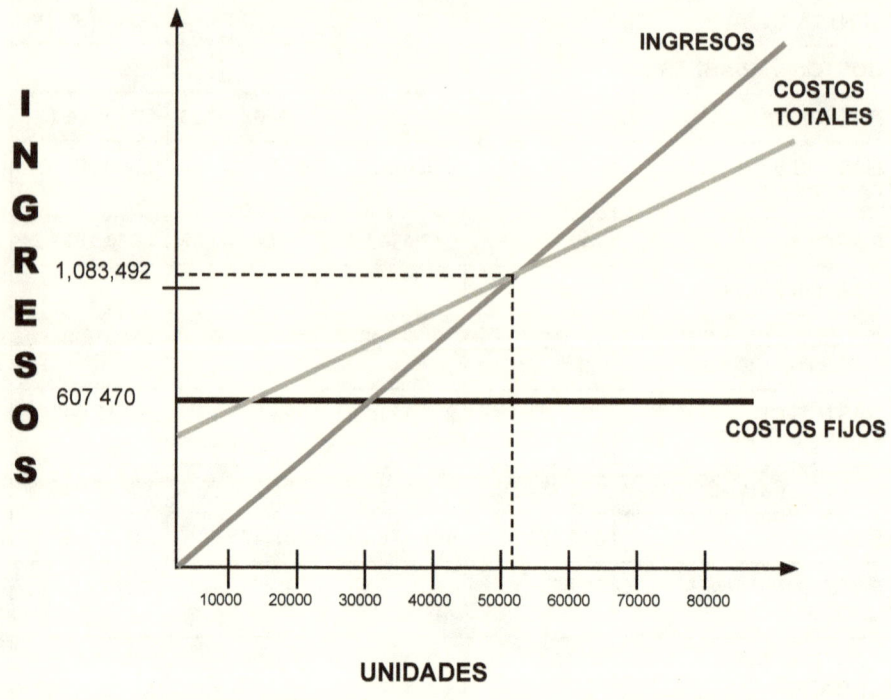

BIBLIOGRAFÍA

- Arias Galicia, F, (1997). Administración de Recursos Humanos, 2. ed., Trillas, S.A. de C.V., México, D.F.
- Besley, Scott; B., Eugene F.,(2001). Fundamentos de Administración Financiera, 12 a. ed., McGraw – Hill, México, D.F.
- Bohlander, G.; Snell, Scott; Sherman, Arthur, (2001); Administración de Recursos Humanos, 12. ed., Económico Administrativos, México, D.F.
- Brand, Salvador O., (1990). Diccionario de las Ciencias Económicas y Administrativas.
- Centro Comercial Internacional. (2002). Café Guía del exportador. Impreso en Ginebra.
- Chiavenato, Idalberto, (2000). Administración de Recursos Humanos, 5. ed., McGraw – Hill, Santafé de Bogotá, Colombia.
- Chiavenato, Idalberto, (2001). Administración: Teoría, Proceso y Práctica, 3a. ed., McGraw – Hill Interamericana, S.A., Bogotá, D.C., Colombia.
- Fernández Valiñas, Ricardo. (2002).Segmentación de mercados. Segunda edición. Editorial Thomson. Impreso en México.
- INEGI (2010) Instituto Nacional de Estadística y Geografía.
- Gitman, Lawrence J.,(2003). Principios de Administración Financiera, 10. ed., Pearson Addison Wesley, México, D.F.
- Gómez Da Silva. Breve Diccionario Etimológico de la Lengua Española. (2008). Fondo de Cultura Económica – Colegio de México México, D.F.
- Glosario de Términos para el Proceso de Planeación, Programación, Presupuesto y Evaluación en la Administración Pública 2002, México, Grupo Editorial OCÉANO
- Melgar Callejas, J. M., /2003) Organización y Métodos Para el Mejoramiento Administrativo de las Empresas, Universidad Francisco Gavidia, El Salvador.

- NORMAS ISO (International Organization for Standartization,

- NORMAS MEXICANAS NMX, NORMA OFICIAL MEXICANA NOM.

- Pineda, M.; Acosta Velásquez. Cortez Parada, (2004), "Modelo de Asociatividad Para las
- Microempresas Artesanales a Enfrentar los Desafíos de los Tratados de Libre Comercio en la Ciudad de Guatajiagua del Departamento de Morazán", (2004.) Universidad de Oriente, El Salvador,
- Weston, J. Fred; Brigham, Eugene F., (1996). Fundamentos de Administración Financiera, 10. ed., McGraw – Hill, México, D.F., 1996
- Weston, J. Fred; Copetand, T. E., (1990) Finanzas en Administración, 8a. ed., McGraw – Hill, México, D.F.

GLOSARIO

A

Acreedores Diversos.- Es la cuenta colectiva donde el saldo representa el monto total de adeudos a favor de varias personas, cuyos créditos no aparezcan en otra forma en la contabilidad. Son las personas o negocios a quienes se les debe por un concepto distinto a la compra de mercancías o servicios.

Actividad Económica.- Conjunto de acciones que tienen por objeto la producción, distribución y consumo de bienes y servicios generados para satisfacer las necesidades materiales y sociales.

Activo.- Es el término contable-financiero con el que se denomina a los recursos económicos con los que cuenta una persona, sociedad, corporación, entidad o empresa. Está formado por todos los valores propiedad del Estado o institución. Conjunto de bienes, derechos reales y personales sobre los que se tiene propiedad.

Activo Circulante.- Son aquellos derechos, bienes materiales o créditos destinados a la operación mercantil o procedente de ésta, que se tiene en operación de modo más o menos continuo y que, como operaciones normales de una negociación, pueden venderse, transformarse, cederse, intercambiarse por otros, convertirse en efectivo en un plazo menor o igual a un año, darse en pago de cualquier clase en gastos u obligaciones o ser material de otros tratos semejantes y peculiares en toda empresa industrial o comercial.

Activo Contingente.- Partida de Activo cuya existencia, valor y derecho de propiedad dependen de que ocurra o no un suceso determinado, o de la ejecución o no de un acto específico; contrasta con pasivo contingente, derivándose frecuentemente de este último tipo de pasivo.

Activo Fijo.- Son las propiedades, bienes materiales o derechos que en el curso normal de los negocios no están destinados a la venta, si no que representa la inversión de capital o el patrimonio de una dependencia o entidad, en las cosas usadas o aprovechadas por ella, de modo periódico, permanente o semipermanente en la producción o fabricación de artículos para venta o la prestación de servicios a la propia entidad.

Acto Fiscal.- Es un programa integral de fiscalización, cuyo objetivo fundamental, consiste en ampliar la presencia fiscal, tanto en el ámbito del territorio como en las distintas actividades económicas, e inducir, mediante la generación de mayor riesgo, el cumplimiento voluntario de las obligaciones tributarias.

Administración: Consiste en interpretar los objetivos de la empresa y transformarlos en acción empresarial mediante planeación, organización, dirección y control de las actividades realizadas en las diversas áreas y niveles de la empresa para conseguir tales objetivos.

Alianzas Estratégicas: Es la combinación de dos o más grupos que se unen para lograr un objetivo común.

Ahorro Financiero.- Diferencia entre el agregado monetario M4 (comprende monedas y billetes en poder del público no bancario; cuenta de cheques en moneda nacional y extranjera, e instrumentos de ahorro líquido y a plazo ofrecidos al público) y los billetes y monedas que emite el Banco de México (M1).

Aprovechamientos.- Son los ingresos que percibe el Estado en sus funciones de derecho público distintos de las contribuciones, de los ingresos derivados de financiamientos, de las participaciones federales, de las aportaciones federales e ingresos federales coordinados, así como los que obtengan los Organismos de la Administración Pública Paraestatal del Estado.

Asociatividad: Formación de agrupamientos de empresas que tienen como objetivo asegurar a sus miembros una mejor posición en el mercado con relación a la que lograrían actuando individualmente.

Auditoría Integral.- Revisión global de las actividades financieras, contables y administrativas que realizan las dependencias y entidades de la Administración Pública Federal, que incluye Auditoría financiera, operacional, de resultados de programas y de legalidad.

Avance Físico Financiero.- Reporte que permite conocer la realización en términos de metas o de evaluación de indicadores estratégicos que tienen cada uno de los programas y el desarrollo que presenta el gasto público durante su ejecución en un periodo determinado.

B

Balance General.- Es el estado básico demostrativo de la situación financiera de una entidad, a una fecha determinada, preparado de acuerdo con los principios básicos de contabilidad gubernamental que incluye el activo, el pasivo y la hacienda pública.

Balance General Consolidado.- Es aquel que muestra la situación financiera y resultados de operación de una entidad compuesta por el Gobierno Estatal y sus dependencias, como si todas constituyeran una sola unidad económica.

Balanza Comercial.- Es la parte de la balanza de pagos que contempla las importaciones y exportaciones de mercancías o bienes tangibles. Se utiliza para registrar el equilibrio o desequilibrio en el que se encuentran esas transacciones con respecto a la exterior y se expresan en déficit o superávit; el primero, cuando son mayores las importaciones; y el segundo, cuando son mayores las exportaciones.

Bienes de Capital.- Aquellos que no se destinan al consumo, sino a seguir el proceso productivo, en forma de auxiliares o directamente para incrementar el patrimonio material o financiero (capital).

Balanza de Comprobación.- Es la lista o extracto de los saldos o del total de los débitos y el total de los créditos de las cuentas de un mayor, cuyo objeto es determinar la igualdad de los débitos y los créditos asentados que permita fijar un resumen básico para los estados financieros.

Bienes Intermedios.- Son aquellos recursos materiales, bienes y servicios que se utilizan como productos intermedios durante el proceso productivo, tales como materias primas, combustibles, útiles de oficina, entre otros. Se compran para la reventa o bien se utilizan como insumos o materias primas para la producción y venta de otros bienes.

Bienes no Comercializables.- Incluye los bienes y servicios que no cruzan fronteras nacionales porque los costos de transporte prohíben la exportación o importación del bien o por la índole prácticamente no comercializable de los bienes en cuestión (por ejemplo servicios públicos, tierras, viviendas, construcciones, especialidades locales que no comercializan en el mercado mundial, productos perecederos, entre otros).

Bursatilización. - La bursatilización es un esquema fiduciario estructurado que permite a la empresa obtener Financiamiento Bursátil, al dar liquidez a activos no líquidos, o bien, para obtener recursos del mercado de valores para el financiamiento de proyectos productivos dando valor presente a los ingresos futuros de los mismos.

C

Capacitación: Adquisición de conocimientos, principalmente de carácter técnico, científico y administrativo.

Capital: Toda aquella cantidad de dinero o riquezas de la que dispone una persona o entidad.

Comisión: Orden y facultad que alguien da por escrito a otra persona para que ejecute algún encargo o entienda en algún negocio.

Cooperativismo: Tendencia o doctrina favorable a la cooperación en el orden económico y social. Teoría y régimen de las Sociedades Cooperativas.

Costos: Son todos los egresos hechos por la empresa para la realización de las actividades de la misma. • Eficacia: Consiste en lograr los objetivos, satisfaciendo los requisitos del producto.

D

Déficit.- La diferencia que resulta de comparar el activo y el pasivo de una entidad, cuando el importe del último es superior al del primero, es decir cuando el capital contable es negativo. Saldo negativo que se produce cuando los egresos son mayores a los ingresos. En contabilidad representa el exceso de pasivo sobre activo. Cuando se refiere al déficit público se habla del exceso de gasto gubernamental sobre sus ingresos; cuando se trata de déficit comercial de la balanza de pagos se relaciona el exceso de importaciones sobre las exportaciones.

Desarrollo Económico.- Transición de un nivel económico concreto a otro más avanzado, el cual se logra a través de un proceso de transformación estructural del sistema económico a largo plazo, con el consiguiente aumento de los factores productivos disponibles y orientados a su mejor utilización, cuyo resultado es un crecimiento equitativo entre los sectores de la producción. El desarrollo implica mejores niveles de vida para la

E

Eficiencia: Utilización racional de los recursos productivos, adecuándolos con la tecnología existente.

Egresos.- Erogación o salida de recursos financieros, motivada por el compromiso de liquidación de algún bien o servicio recibido o por algún otro aspecto.

Estado de Origen y Aplicación.- Resultado contable que muestra, en forma condensada y comprensible, el manejo de recursos financieros de las entidades, así como su obtención y disposición durante un periodo determinado.

Estado de Resultados.- Documento contable que muestra el resultado de las operaciones (utilidad, pérdida remanente y excedente) de una entidad durante un periodo determinado.

Estado Financiero.- Documento contable que refleja la situación financiera de las Dependencias o Entidades, a una fecha determinada y los resultados de su operación para un periodo dado.

Estructura Organizativa: Es el modo relativamente estable de organización de los elementos de un sistema.

F

Finanzas: Obligación que alguien asume para responder de la obligación de otra persona.

Fondos.- Partida económica que representa una disponibilidad destinada a afrontar un determinado gasto. Suma de dinero que constituye a una entidad contable independiente, que se reserva para propósitos determinados y se utiliza conforme a limitaciones o restricciones expresas.

G

Gasto Contingente.- Erogación prevista posible pero no probable, sujeta a situaciones coyunturales o sucesos futuros.

Gasto Neto Total.- Total de las erogaciones reales que afectan al erario estatal, deduciendo de los gastos brutos las erogaciones virtuales y compensadas. Resulta de restar al gasto bruto total la amortización de la deuda pública y el gasto autorizado que no se ejerció ni se pagó (economías).

Gasto no Programable.- Erogaciones que por su naturaleza no es factible identificar con un programa específico, tales como los intereses y gastos de la deuda; las participaciones y estímulos fiscales; y los adeudos de ejercicios fiscales anteriores (ADEFAS).

Gasto Primario.- Se define como el total de las erogaciones, excluyendo el pago de intereses y las amortizaciones de la deuda pública.

I

Insumo: Cada uno de los factores que intervienen en la producción de bienes o servicios.

Ingresos: Es la corriente de dinero o de bienes que acumulan un individuo, un grupo de individuos, una persona o la economía en un periodo determinado.

Impuestos.- Son las contribuciones establecidas en la ley que deben pagar las personas físicas o morales que se encuentran en la situación jurídica o de hecho prevista por la misma.

Impuesto al activo.- Es un gravamen complementario al impuesto sobre la renta. Esta contribución garantiza que las empresas que reportan pérdidas en periodos prolongados cubran al menos este impuesto como un pago mínimo que puede ser recuperado cuando obtengan utilidades en ejercicios posteriores. La base de este impuesto son los activos de la empresa o los de cualquier individuo, residente en el país o en el extranjero, que otorgue el uso o goce temporal de sus bienes, ya sea en forma gratuita o generosa, a otros contribuyentes del impuesto.

Impuesto al valor agregado.- Tributo que se causa por el porcentaje sobre el valor adicionado o agregado a una mercancía o un servicio, conforme se completa cada etapa de su producción o distribución. Instrumento de política económica, utilizado para desalentar el consumo de una serie de bienes o servicios.

Impuesto Inmobiliario.- Impuesto directo sobre la propiedad de bienes inmuebles, rústicos o urbanos.

Impuesto sobre la Renta.- Contribución que se causa por la percepción de ingresos de las personas físicas o morales que la ley del impuesto sobre la renta considera como sujetas del mismo.

Índice Nacional de Precios al Consumidor.- Indicador derivado de un análisis estadístico, publicado quincenalmente por el Banco de México que expresa las variaciones en los costos promedios de una canasta de productos seleccionada y que sirve como referencia para medir los cambios en el poder adquisitivo de la moneda. El ámbito del índice se limita estrictamente a aquellos gastos que caen dentro de la categoría de consumo, excluyéndose así aquellos que suponen alguna forma de inversión o de ahorro.

Inflación.- Incremento en el nivel de precios que da lugar a una disminución del poder adquisitivo del dinero.

Inflación Subyacente.- Inflación reflejada por la evolución del índice de precios al consumo cuando se les descuenta la incidencia de los productos energéticos y los alimentos sin elaborar, por ser sectores cuyos precios sufren grandes oscilaciones al depender de mercados internacionales, malas cosechas, entre otros.

Innovación.- Cambios que se efectúan con el objeto de mejorar los resultados e impactos tanto a nivel de la empresa como ante el consumidor o demandante de sus bienes y servicios. Se realizan con el fin de mejorar las técnicas operativas y productivas, de tal forma que se obtenga las misma (o mayor) cantidad de producción con mayor calidad utilizando menos recursos. Algunas innovaciones dan lugar a creaciones o mejoras en algo ya existente (inventos) o a la incursión de algo nunca antes utilizado (descubrimientos); todo ligado a la investigación.

Integración: Coordinación de las actividades de varios organismos o elementos.

ISO 9000.- Normatividad que evalúa la capacidad de una empresa para fabricar en forma constante sus productos mediante procesos de buena calidad.

ISO 14000.- Normatividad que evalúa la capacidad de la empresa para producir sus bienes mediante procesos de buena calidad y con alta eficiencia en el cuidado ecológico y medio ambiental.

L

Licencias
Contrato mediante el cual una empresa recibe de otra el derecho de uso de varios de sus activos a cambio del pago de un monto determinado por el uso de los mismos. Estos activos son propios de la empresa otorgante, como su marca, patentes o tecnologías.

M

Mancomunadamente: Acuerdo de dos o más personas, o unión de ellas.

Mercadeo: Conjunto de operaciones por las que ha de pasar una mercancía desde el productor al consumidor. • Organización: Es una estructura técnica de las relaciones que deben existir entre las funciones, niveles y actividades de los elementos materiales y humanos de una organización.

P

Planeación.- Proceso racional organizado mediante el cual se establecen directrices, se definen estrategias y se seleccionan alternativas y cursos de acción, en función de objetivos y metas generales, económicas, sociales y políticas; tomando en consideración la disponibilidad de los recursos reales y potenciales, lo que permite establecer un marco de referencia necesario para conectar planes, programas y acciones especificas a realizar en el tiempo y en el espacio.

R

Recursos.- Conjunto de personas, bienes materiales, financieros y técnicos propiedad de una dependencia, entidad, u organización para alcanzar sus objetivos y producir los bienes o servicios que son de su competencia.

Rentabilidad: Es la capacidad de una actividad, rama o sector de producir ingresos por encima de sus costos, en donde reside la justificación misma de sus existencias.

Recursos Excedentes.- Recursos no presupuestados, generalmente se presenta cuando existe una variación favorable en el precio de la mezcla mexicana del petróleo, el gobierno obtiene recursos excedentes.

S

Salario Mínimo.- Cantidad menor que debe recibir en efectivo el trabajador por los servicios prestados en una jornada de trabajo. Pueden ser generales por una o varias áreas geográficas y extenderse a una o más entidades federativas, o pueden ser profesionales para una rama determinada de actividad económica o para profesiones, oficios o trabajos especiales dentro de una o varias áreas geográficas. Los salarios mínimos se fijan por la Comisión Nacional de los Salarios Mínimos Integrada por representantes de los trabajadores, patrones y el gobierno, la cual se puede auxiliar de comisiones especiales de carácter consultivo. El salario mínimo de acuerdo con la ley deberá ser suficiente para satisfacer las necesidades normales de un jefe de familia en el orden material, social y cultural, y para proveer la educación básica a los hijos.

Sujetos Pasivos.- Sujeto pasivo es la persona física o moral, mexicana o extranjera que, de acuerdo con el Código Financiero y las demás leyes del Estado, está obligada al pago de un impuesto, derecho o aprovechamiento.

Ventaja Competitiva: Consiste en la producción de producto de mayor calidad e innovación en el mercado en relación con la competencia.

GLOSARIO DE INSTITUCIONES Y PROGRAMAS

PIB =Implícitos del Producto Interno Bruto) que se encuentra publicado en la página del

INEGI =Instituto Nacional de Estadística Geografía e Informática, el cual es el organismo encargado de medir el PIB.

CANACO.- Cámara Nacional de Comercio.

CFE.- Comisión Federal de Electricidad.

CONDUSEF.- Comisión Nacional para la Protección y Defensa de los Usuarios de Servicios Financieros.

COINVER.- Fideicomiso para la Promoción de la Inversión del Estado de Veracruz.

FAPE.- Fideicomiso Fondo para el Apoyo a la Micro y Pequeña Empresa en el Estado de Veracruz.

FIRCAME.- Fondo de Inversión y Reinversión para la Creación y Apoyo de Microempresas del Estado de Veracruz.

IA.- Impuesto al Activo.

IAP.- Instituto de Administración Pública.

IEPS.- Impuesto Especial sobre Producción y Servicios.

IMSS.- Instituto Mexicano del Seguro Social.

INAP.- Instituto Nacional de Administración Pública.

INEGI.- Instituto Nacional de Estadística, Geografía e Informática.

INPC.- Índice Nacional de Precios al Consumidor.

ISN.- Impuesto Sobre Nóminas.

ISR.- Impuesto Sobre la Renta.

IVA.- Impuesto al Valor Agregado.

IVECAD.- Instituto Veracruzano para la Calidad y Competitividad.

LCF.- Ley Federal de Coordinación Fiscal.

PAE.- Programa de Apoyo al Empleo.

PIB.- Producto Interno Bruto.

PIP.- Proyectos de Inversión Productiva.

POA.- Programa Operativo Anual.

PYMES.- Pequeñas y Medianas Empresas.

SAGAR / CAFÉ.- Programa de Empleo Temporal para el Levantamiento de la Cosecha de Café.

SAR.- Sistema de Ahorro para el Retiro de los Trabajadores.

SARE.- Sistema de Apertura Rápida de Empresas.

SAT.- Sistema de Administración Tributaria.

SEFIPLAN.- Secretaría de Finanzas y Planeación.

SEGOB.- Secretaría de Gobierno.

SICAT.- Sistema de Capacitación para el Trabajo.

SITEVER.- Sistema de Información de Trámites Empresariales

TDA.- Tasa de Desempleo Abierto.

ANEXO

INFORME DE LA PLANEACIÓN ADMINISTRATIVA

Con la introducción de Cofy Up, un producto para preparar una taza de café que consiste en una tableta de café soluble que puede contener azúcar y/o crema y ésta se vierte en agua caliente, se busca ofrecerle al consumidor una nueva presentación innovadora que se encuentre en el gusto de los clientes para alcanzar los objetivos que persigue la empresa.

RESULTADOS DE LA INVESTIGACIÓN DE MERCADO

Se realizó una encuesta de 24 preguntas, tomando como muestra a 384 personas, hombres y mujeres de distintas edades, de la zona conurbada Veracruz-Boca del Río, para conocer gustos y preferencias del mercado meta. Así mismo, se registraron los datos correspondientes por medio de gráficas para establecer registros cada respuesta y tomar decisiones respecto a Cofy Up.

ESTUDIO DEL MERCADO

Objetivos del estudio de mercado.

- ➢ Establecer el nivel socioeconómico al que pertenece la muestra poblacional (Hombres y Mujeres de 18- 50 años)
- ➢ Identificar el tipo de personalidad de los grupos de referencia de la muestra poblacional del producto Cofy Up.

➢ Conocer los gustos y preferencias del consumidor que gusta de beber café para establecer parámetros en el producto final de Cofy Up.

➢ Encontrar la tasa, frecuencia y ocasión de uso (en este caso de consumo) de la población encuestada.
➢ Conocer cuáles son las presentaciones, precios y marcas que el consumidor prefiere al comprar café.
➢ Determinar la lealtad a la que respondería el consumidor de café, de acuerdo a las características de Cofy Up.
➢ Conocer qué aspectos cambiaría y qué expectativas tendría el consumidor para innovar la forma de preparar una taza de café.

A continuación, se presentan los resultados de encuestas.

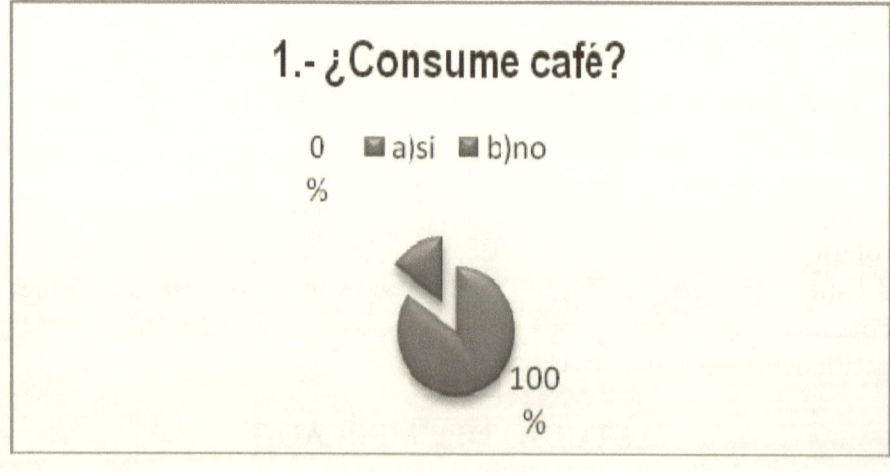

2.-¿Con qué frecuencia toma café?

- a) todos los dias
- b) entre 3-5 días
- c) menos de 3 días
- d) solo 1 día por semana

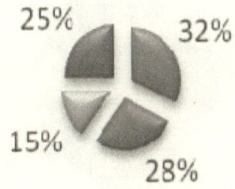

25%
32%
15%
28%

3.-Cuando toma café, ¿cuántas tazas consumé?

- a) De 1-2 tazas
- b) 3-5 tazas
- c) 5 o más

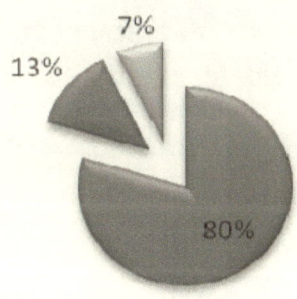

7%
13%
80%

4.- ¿Cuántas cucharadas de café utiliza para preparar una taza de café?

■ a) 1/2 cucharadita   ■ b)1 cucharadita   ■ c)2 cucharaditas   ■ d)2 o más

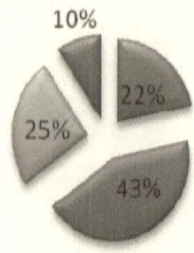

5.-¿Cuántos cucharadas de azúcar utiliza para preparar una taza de café?

■ a)ninguna   ■ b)1/2cucharadita   ■ c)1 cucharadita
■ d)2 cucharaditas   ■ e)2 o más

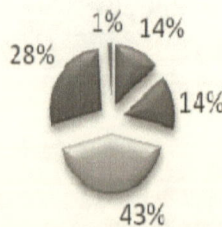

6.-¿Cuál es la presentación que compra para el café?

■ a) frasco   ■ b) bolsa   ■ c) sobrecitos individuales   ■ d) otras

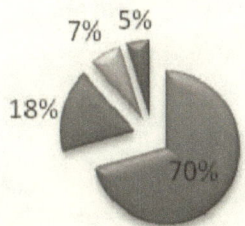

- 70%
- 18%
- 7%
- 5%

Pregunta 7.- ¿Cuál es el contenido que usted compra regularmente?

■ a) 20 grs. (presentación individual)   ■ b) entre 50 y 150 grs.
■ c) entre 150 y 300 grs.   ■ c) entre 300 y 500 grs.
■ e) entre 500 y 750 grs.   ■ f) entre 750 grs. Y 1 kg.
■ g) 1 Kg o más.

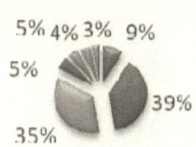

- 39%
- 35%
- 5%
- 5%
- 4%
- 3%
- 9%

8.- El café que consume ¿Qué tiempo utiliza para prepararlo?

- a) menos de 5 min.
- b) de 5 a 10 min.
- c) de 10 a 15 min.
- d) más de 15 min.

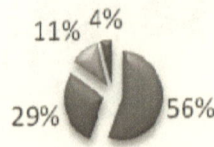

9.-¿Qué medio utiliza para preparar café?

- a) cafetera
- b) hervir agua o leche en estufa
- c) hervir agua o leche en microondas

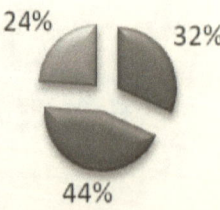

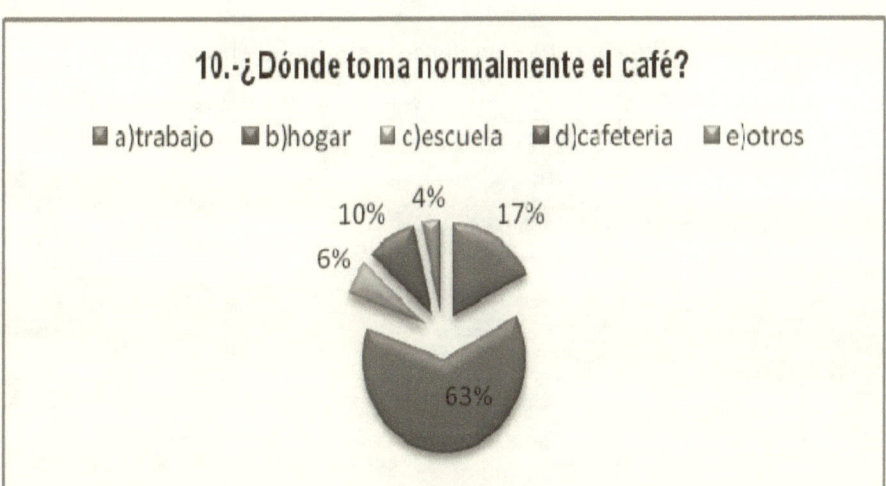

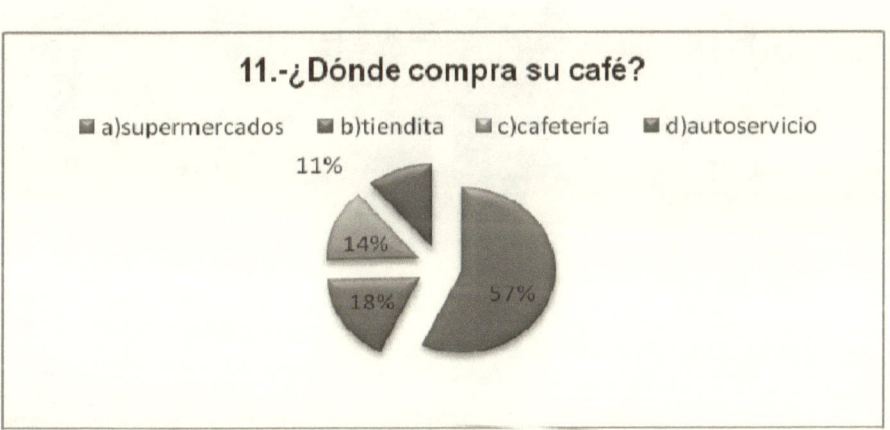

12.-¿Cuánto paga comúnmente al adquirir el café?

- a)entre $5 y $20
- b)entre $20 y $35
- c)entre $35 y $50
- d)entre $50 y $65
- e)entre $65 y $80
- f)entre $80 y $95
- g)entre $95 y $110
- h)$110 ó más

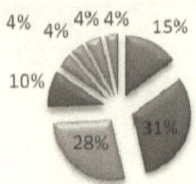

13.-¿Por qué medio publicitario conoció el café que usted consume?

- a)T.V
- b)radio
- c)periódico
- d)revista
- e)internet
- f)boletines
- g)otros

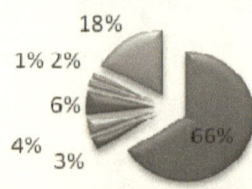

14.-¿Le gustaría que la preparación de su taza de café fuera más prática?

■ a)si ■ b)no

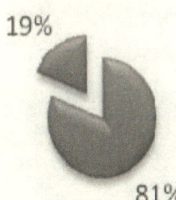

19%
81%

15.-¿Cambiaría de marca, si existiera otro tipo de presentación en el café?

■ a)si ■ b)no

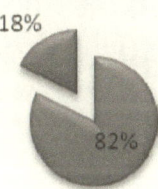

18%
82%

16.-¿Es importante para usted el diseño de la preparación?

■ a) si ■ b)no

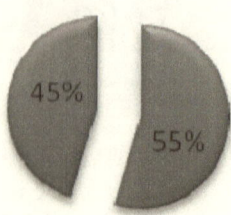

17.-¿Cuántas personas que viven con usted consumen café?

■ a)1 a 2 ■ b)3 a 4 ■ c)4 o más

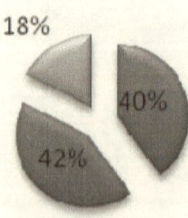

18.-¿Cuánto estraía dispuesto a a pagar por una nueva presentación?

- a) entre $20 y $35
- b) entre $35 y $50
- c) entre $50 y $65
- d) entre $65 y $80
- e) entre $80 y $ 95

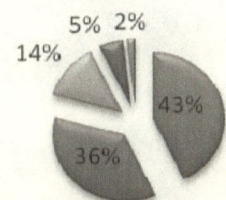

43%
36%
14%
5%
2%

19.-¿En dónde le gustaría adquirirlo?

- a) supermercados
- b) tienditas
- c) cafetrias
- d) autoservicio
- e) otro

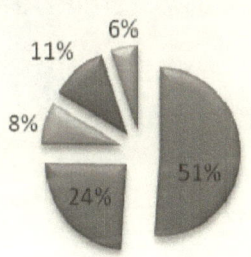

51%
24%
8%
11%
6%

20.- ¿Cómo acostumbra tomar el café?

■ a) a solas   ■ b) familia   ■ c) amigos   ■ d) compañeros de trabajo

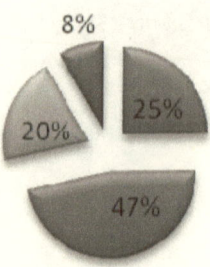

21.- ¿Cómo prepara el café?

■ a) con agua   ■ b) con leche

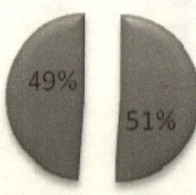

22.-¿Cuándo hay ofertas compra el café?

■ a) si ■ b)no

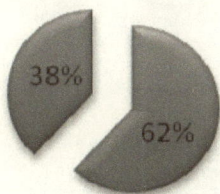

23. ¿Cuál sería la forma más sencilla de preparar café para usted?

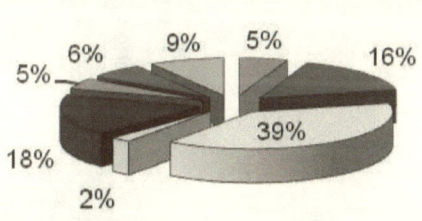
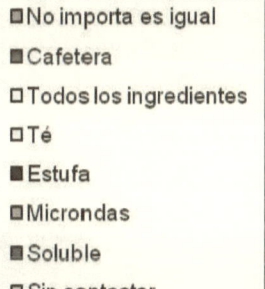

24. ¿Qué expectativas tendría usted sobre una presentación innovadora de café que facilitara su preparación?

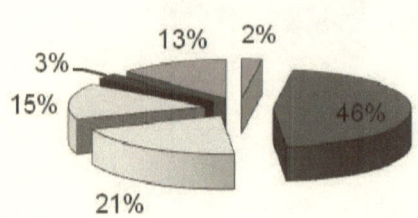
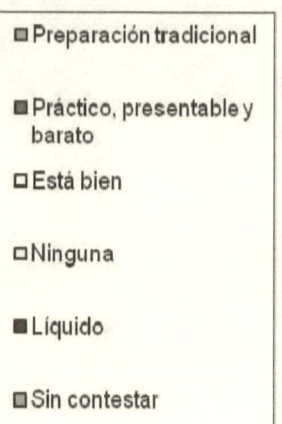

AUTORES

Perfecto Gabriel Trujillo-Castro.

Nació en Veracruz, Ver. México. Estudió Ingeniería Industrial en Producción en el Instituto Tecnológico de Veracruz. Realizó la Maestría en Administración en la Universidad Cristobal Colón. Obtuvo el Diploma de Estudios Avanzados de Suficiencia Investigadora del Doctorado en Ciencias Económicas y Administrativas, en la línea de Investigación denominada Investigación de Mercados y Comercialización, en un Convenio de la Universidad de Almería, España y la Universidad de Xalapa, Veracruz. México. Obtuvo el grado de doctor en Ciencias Jurídicas, Administrativas y de la Educación por la Universidad de las Naciones. Se ha informado a través de diplomados, como: Gestión Social, Comercio Exterior, docencia e investigación. Se ha desempeñado en la industria naval, alimentos, desarrollo rural y diferentes instituciones educativas, entrenador certificado de empresas impartiendo cursos y proporcionando consultoría en las áreas de Calidad y Recursos Humanos. Ha impartido más de 20 conferencias y cursos a organismos públicos y privados. Labora para el Instituto Tecnológico de Veracruz como docente con 30 años de experiencia, y es jefe del proyecto de investigación del Departamento de Económico-Administrativas. Ha obtenido algunos premios y reconocimientos.

Oscar González Ríos.

El doctor Oscar González Ríos, originario de Xalapa, Veracruz, México, es profesor-investigador de la Unidad de Investigación y Desarrollo en Alimentos del Instituto Tecnológico de Veracruz, México. Es el responsable de la línea de investigación *"Mejoramiento de la Calidad del Café y del Cacao en México"* en el cuerpo académico consolidado de *Tecnología de Alimentos*, además es miembro de la alianza estratégica y red de innovación para el sector café: Calidad y Productividad del Consejo Nacional de Ciencia y Tecnología (CONACyT-México). Realizó sus estudios de doctorado en ciencias de los alimentos en la Universidad de Montpellier II, Francia. Ha desarrollado trabajos de investigación en las disciplinas de: *Química de Alimentos, Tecnología Postcosecha, y Evaluación Sensorial*. Los temas que en *Café y Cacao* ha desarrollado, se relacionan con: *Calidad, Tecnología de Aromas, Tratamientos Poscosecha y Valorización de Zonas de Producción*. Ha Formado a más de 30 profesionistas en investigación a *Nivel de Licenciatura, Maestría y Doctorado*; ha publicado más de 6 artículos científicos y dictado más de 30 conferencias en foros nacionales e internacionales. El Dr. González, ha participado en proyectos vinculados con la industria del café de México, Francia y Venezuela.

María Esther Barradas Alarcón

La **Dra. María Esther Barradas Alarcón**, estudió la Licenciatura en Psicología por la Universidad Veracruzana, (U.V.) México, y la Maestría en Psicología Clínica, egresada de la Facultad de Psicología de la Habana Cuba, estudió el doctorado en Educación por la Escuela libre de Ciencias Políticas y Administración Pública de Oriente. Por veinte y cinco años se dedicó a la orientación educativa y a la psicoterapia dirigida a la comunidad estudiantil del Instituto Tecnológico de Veracruz, fue coordinadora de orientación educativa y posteriormente fungió como Coordinadora de Investigación

Educativa en el mismo Instituto Tecnológico de Veracruz, (ITV). Cuenta con más de 20 años orientando a padres de familia a través del programa Padres Eficaces con entrenamiento Sistemático.

Actualmente es docente de tiempo completo titular "C" de la Facultad de Psicología de la Universidad Veracruzana campus Veracruz-Boca del Rio, es Coordinadora Regional del Programa Universitario para la Inclusión e Integración de Personas con Discapacidad a la Comunidad Universitaria región Veracruz. Además es Responsable de diferentes coordinaciones en la misma casa de estudio, tales, como: Coordinadora del programa integral del fortalecimiento institucional PIFI, coordinadora del departamento de orientación integral. Coordinadora del Programa de seguimiento de egresados, Hoy en día también participa en varios proyectos de investigación con diferentes redes de cuerpos académicos y grupos de Investigación, cuenta con el reconocimiento Perfil Deseable PROMEP, desde el 2009, a la fecha, Ejerce actividades de tutorías. Y es responsable del Cuerpo Académico Investigación e intervención en psicología. Con Línea de Investigación: Intervención Psicosocial. Clave de registro en Promep: UV-CA-285.

ebarradas@uv.mx

Co-Autores

Báez Lagunes Sonia.

Estudió la Licenciatura en Administración de Empresas en la Universidad Veracruzana, obtuvo su grado de Maestría en Administración en la Universidad de las Naciones y el doctorado en Ciencias Jurídicas, Administrativas y de la Educación por la Universidad de las Naciones. Su desempeño profesional lo ha realizado en instituciones como la banca, municipio, educativas. Ha impartido conferencias y cursos en distintos organismos. Cuenta con una publicación y es consultora de pequeñas empresas. Se desempeña profesionalmente en el Instituto Tecnológico de Veracruz desde hace 20 años, y actualmente es Jefa del Departamento de Económico-Administrativas.

Tenorio Prieto Noemí del Carmen.

Maestra en ingeniería administrativa egresada del Instituto Tecnológico de Orizaba, es jefa de servicios especializados del Centro de Información del Instituto Tecnológico de Veracruz, fue Subcoordinadora de la Zona V de los centros de información del Sistema Nacional de Educación Superior Tecnológica, ha sido instructora en diversos cursos para el personal administrativo y docente a nivel nacional, cuenta con 7 publicaciones, ejerce la docencia desde hace 18 años, actualmente es profesor titular de tiempo completo del Instituto Tecnológico de Veracruz y asesora a pequeñas y medianas empresas en su desarrollo empresarial en el estado.

Pérez Castillo Marina Cecilia.

Se graduó de Contador Público y Auditor en La Universidad Cristóbal Colon, Campus Torrente Viver, en el año de 1978, curso el Diplomado de Administración Gerencial en la Universidad Veracruzana en el año 2003, el Diplomado en Competencias Docentes básicas en CIIDET en el año de 2007, y el Diplomado para la Formación y Desarrollo de Competencias Docentes en el Centro de Asesoría Educativa Asertum en el año de 2011.

Durante su carrera de más de 34 años, fue Contador de las empresas Inmuebles de Veracruz, S. A. y la Fábrica de Puros La Prueba, S.A. de 1978 a 1982. En el Instituto Tecnológico de Veracruz fue la Contadora General del Patronato del mismo Instituto de 1982 a 1985, fue Presidenta del Primer Congreso Internacional de Administración en el año de 2003, se ha desempeñado como profesor en el Departamento de Ciencias Económico Administrativas, en la que ha impartido las materias de Auditoria Administrativa, Costos de Manufactura y Contabilidad Financiera, por esta ultima materia, recibió un agradecimiento especial de parte de los autores Gerardo Guajardo Cantú y Nora Andrade de Guajardo en el Libro Contabilidad Financiera, por la preferencia al haber contribuido a que esta quinta edición sea posible, en el año 2008.

Guadalupe Guevara Lobato.

Licenciada en Psicología Laboral, egresada de la Universidad Villa Rica, con grado de Maestría en Administración y Gestión de Instituciones Educativas de la Universidad Cristóbal Colón. Catedrático de tiempo completo en el Instituto Tecnológico de Veracruz, desde 1993, desempeñándose en la docencia con materias de Investigación, Desarrollo Humano, Comportamiento de Organizaciones, entre otras.

Ha participado en Diplomados del área de investigación educativa y de docencia, así como en Congresos Nacionales para fomentar la divulgación científica.

C. Marco Antonio López Aguilar.

Egresado de Ingeniería del Instituto Tecnológico de Veracruz.

C. Clara Itzel Hernández Herrera.

Egresada como Licenciada en Administración del Instituto Tecnológico de Veracruz.

C. Ivón Campos Herrera.

Egresada como Licenciada en Administración del Instituto Tecnológico de Veracruz.

C. Leo Valdivia Cristina.

Egresada como Licenciada en Administración del Instituto Tecnológico de Veracruz.

C. Abril Eugenia Ortega Lima.

Egresada como Licenciada en Administración del Instituto Tecnológico de Veracruz.

www.ingramcontent.com/pod-product-compliance
Lightning Source LLC
Chambersburg PA
CBHW021952170526
45157CB00003B/958